JN015627

discrete mathematics

応用事例とイラストでわかる

離散数学

カンタンな数学でAIも
理解できる⁉

第2版　延原 肇［著］

目 次

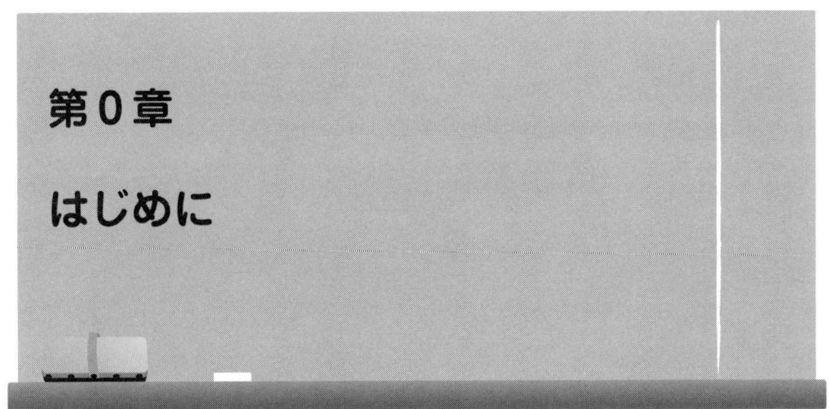

第0章 はじめに

0.1 真のAI時代を迎えて

「AI（Artificial Intelligence：人工知能）の時代が来ている」

というセリフを否定する人はいないであろう．すでに，われわれ人類は将棋／囲碁AIによって徹底的に叩きのめされ，金融取引，自動言語翻訳，そして自動車の運転などの分野では，それらを生業にしていた人々が，AIに代替されることによる技術的失業に追い込まれている．医療分野も例外ではなく，患者が検索エンジンを使えば，医師による難解な説明よりもわかりやすく，多くの情報を獲得できるようになっている．さらに，われわれの聖域であった小説や音楽創作の分野にまで，AIは浸食しはじめてきている．驚異（きょうい）であったAIが脅威（きょうい）となり，牧歌的にAIを眺めていた時代から，AIを積極的に使いこなしつつ，国際社会の競争をいかに勝ち残ってゆくかを考えなければならない時代になっている（図0.1）．

このような背景から，わが国（日本）もAI人材の育成を，科学技術政策の最も重要な基軸の1つとして捉えるようになってきている．そして高等教育機関をはじめ，あらゆる組織において，AI人材のためのカリキュラムの新編成あるいは再編成が行われている．AI人材になるために，最も必要な素養として挙げられるのが「数学」であり，国内のAI関連の書籍では

図 0.1　社会で求められる AI 人材とは，AI を使いこなしサバイバルできる人のこと

- 数学　＝　線形代数
- 数学　＝　解析学（微積分）
- 数学　＝　統計学

と位置づけているものが多い．もちろん，これらの考え方は，ある程度正しい．一方で，大きな見落としがある．それは，AI を駆動させるコンピュータや情報技術の土台となっている数学が「離散数学」（情報数学）であり，コンピュータに何かをやらせるときに離散数学（情報数学）が，必ず必要になってくる点である．さらに言えば，上記に挙げた線形代数，解析学，統計学にとっても，離散数学は重要な土台となっている．離散数学を学んでから，線形代数，解析学，統計学に取り組むと，より深い理解に到達できることは間違いない（図 0.2）．このように言うと，離散数学は，非常に基礎的で，線形代数，解

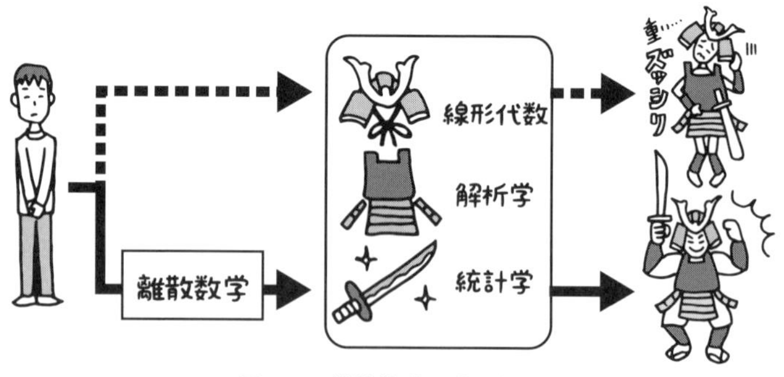

図 0.2　離散数学を学ぶ効用

析学，統計学よりも難しく，とっつきにくいと思われるかもしれない．が，そのようなことはまったくない．

実のところ，離散数学は，メールやネット検索，AIなどの日常生活の応用事例に直結する．よって離散数学は実践的でエキサイティングな学問分野なのである．しかしながら，その特色を授業や関連書籍などでうまく伝えられていない．そのため，AI人材のための数学として離散数学が認識されず，さらに離散数学のファンが増えないのだと著者は思う．本書は，このような背景から誕生したものであり，特に，離散数学の素晴らしさを伝えるために，次に示す3つの特色を持たせている．

まず，**本書の特色の1つめ**は，できるだけ多くの人たちに離散数学の存在を知ってもらい，また興味をもって学んでもらえるようにするため，**わかりやすさ**を徹底的に追及した内容になっている点である．**わかりやすさ**に関しては，「本の中で登場する概念をわかりやすく解説している」という意味もあるが，「本の中で登場する概念が具体的にどの部分に役立っているのかを，わかりやすく解説している」という意味もある．本書では，特に後者に関して重点を置いて執筆している（図0.3）．というのも，前者の意味でのわかりやすい解説については，これまでの離散数学の本の中にもいくつか見ることができるが，後者のわかりやすい日常生活の応用事例やAIの最新動向への接続については，

図0.3 具体的な応用事例があるとイメージがしやすく記憶に定着しやすい

ほとんど見当たらないからである．

本書の特色の2つめは，厳密なタイムマネージメント（授業あるいは自己学習の進捗管理）に配慮している点である．この厳密なタイムマネージメントを実現させるため，まず，著者自身が，本書の原稿のひな形を自分自身の授業に投入し，各部分の説明，各例題に，どれだけの時間が必要になるのかを正確に計測した．その結果から，本書の内容のほぼすべてが，90分×15コマの範囲内で収まるように設計を行っている．それを具体的に視覚化したのがいくつかのページに見られるストップウォッチである．これにより，それぞれ何コマ目のどのくらいの時間経過なのかを示すようにしている．もし，教員の方々の中で，本書を利用してくださる場合には，このストップウォッチを参考にしながら授業を進めていただきたい．また自習書として利用する読者の皆さまにも，同様に，ストップウォッチを目安に読み進めてほしい．

本書の特色の3つめが「イラスト」である．これまでの離散数学の本においても，イラストを採用しているものもあるが，いずれも本文を補足するためのオマケ程度として，イラストを取り扱っている場合が多い．本書では，イラストを単なるオマケではなく，本文の一部としてイラストを有機的に連動させるように組み込み，わかりやすさを追求している．これにより読者の興味を持続させる効果を出す工夫も行っている．また，イラストの数も，実に100点以上と，従来の離散数学の本にはない豊富な数となっている．

0.2　本書の使い方

すでに言及したように，本書は，著者自身の授業において使用した実績に基づき，90分×15コマにあわせて調整・設計している．教員の立場として，本書を授業に利用される場合には，その設計が視覚化されている各章のストップウォッチを参考に進めていただきたい．もちろん，これはあくまでも参考であり，むしろクラスの学生の理解度にあわせ，それぞれのパートで何らかの補足説明を追加したり，確認のための小テストを実施されるなどの工夫もしていただきたい．そして，本書をトリガに，教員の皆さまの個性を創出しながら授業を展開していただけると素晴らしい．**教育機関の方で，著者による離散数学の授業動画や小テストを参考にしたいと希望される場合には，遠慮なく連絡をいただきたい．**

学生の皆さんが本書を自習書として使う場合にも，もちろん各章のストップウォッチを参考に進めていただきたい．本書の問題だけではものたりない，あるいは，より専門的な内容をさらに学びたいという場合には，各章に参考文献を載せているので，それらに基づき自分なりの学習を行ってもらえれば素晴らしい．繰り返しになるが，本書では，わかりやすさを徹底的に追求しており，図 0.4 に示すように，知らず知らずのうちに真の AI 人材として成長するように，難易度設定，ペース配分の設計をしている．1 人では，なかなか乗り越えられない離散数学／AI 人材への壁も，本書を利用することで，きっと乗り越

図 0.4　本書があれば，真の AI 人材の世界へ，無理なく楽しく行ける？

えられると期待している．そして，ぜひ１人でも多くの方々が，真の AI 人材となり，この分野を牽引する人材として巣立っていってほしい，と強く願っている．

0.3　謝辞

本書は，真の AI 人材育成のための離散数学の教科書を学生たちに届けたい，という想いから，島田誠氏とともに企画したものである．本書のベースになったのは，「応用事例とイラストでわかる離散数学」であり，これは，島田氏が共立出版株式会社に在籍していたときに出版したものである．今回も，前回の出版と同様に，献身的なご尽力をいただいたおかげで，本書を世に送り出すことができた．ここで，あらためて島田氏にお礼を申し上げたい．また，島田氏と同様，本書のベースとなった「応用事例とイラストでわかる離散数学」の頃から，著者の書き上げた間違いだらけの原稿を，本当に忙しい中，精密に査読し指摘してくださった内野健太氏にも，ここで厚くお礼を申し上げたい．内野氏による査読がなければ，やはり本書を世に送り出すことはできなかったと思う．また，本書の特色の１つであるイラストのすべては，マザータンク（代表竹内敦子様）とくぼゆきお様に作成いただいたものである．本当にお忙しい中，著者のわがままにおつきあいいただき，素敵なイラストの数々を描いでくださった．ここで厚くお礼申し上げたい．最後に，いつも著者をはげまし，また原稿執筆作業のため，平日の夜や週末の時間を快く作ってくれた最愛の家族に感謝したい．

2022 年 1 月

延原　肇

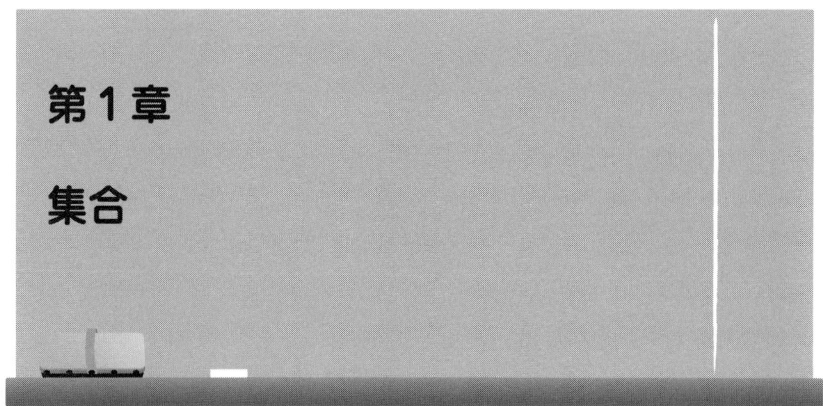

第1章 集合

1.1 集合の定義

集合は，情報系の数学の分野で最初に登場する考え方であり，これから登場する代数系やグラフ理論など，あらゆる分野の基礎になる概念である．もちろんAIの分野においても非常に重要な役割を果たす．集合をできるだけわかりやすい言葉で定義すると以下のようになる．

集合

集合とは，モノの集まりである．ただし，その集まりの境界ははっきりしていなければならない．すなわち，あるモノが属しているか否かが明確に決まるような集まりでなければならない．

この定義において，集まりの境界について強調することを，不思議に感じるかもしれない．実は，この境界が非常に重要な役割をもっており，欠かすことができない．この重要性を実感してもらうため，次の日常的な事例を紹介する．

例 「値段の高いランチメニューの集まり」を考える．ここで1食700円のランチメニューはこの集まりに属するだろうか？ また，読者はどう感じるだろうか？

第1回目
開始（0分）

図1.1　集合でない場合（左）と集合の場合（右）

あるビジネスマンは「お手頃価格なので，この場合は属さない」と回答したり，ある学生は「うちの大学のランチメニューは450円だ．1食700円は高いので，値段の高いランチメニューの集まりに属する」など，様々な回答が得られるであろう（図1.1（左））．この回答がばらつく原因は，「値段が高い」という集まりに対し，各人の認識が異なる点にある．言い換えると，人によって「値段が高い」という境界が異なるからである．このように，人によって境界が異なるモノの集まりは，集合とは言えない．そのほか，集合にならない例として，「素敵な俳優の集まり」，「かわいいアイドルの集まり」などが挙げられる．これらの場合，人によって好みが分かれるであろうし，境界がはっきりしないため，集合にはならない．

一方，集合になるモノの集まりの例としては，「1以上10未満の自然数の集まり」が挙げられる．この場合，−100，0，10，はこの集まりには含まれず，1，2，3は含まれる，といったように境界がはっきりしている（図1.1（右））．本書では，このような境界線のはっきりしたモノの集まりを集合として取り扱う．

情報系の分野においても，様々な集合が登場してくる．例えば，メールや，Webページ，あるネット上のサービスを利用しているユーザー群などは集合として取り扱うことができる．そして，後ほど紹介する様々な集合演算を導入することで，検索エンジンの性能を評価したり，自分と趣味や好みが同じユーザーを見つけ出すことができる．AIの分野においても，集合の定義が強く関連してくる．現在，主流となっているAIは，教師データを大量に学習することで，驚異的な認識精度・速度を実現している．逆に，大量の教師データがなければ，AI は駆動しないので，**データ駆動型 AI** と呼ばれている．ここで重要なのは，学習に使われる教師データが，必ず集合になっていなければならない点である．例えば，画像認識 AI の教師データにおいては，それぞれの画像に対して，イヌやネコといったラベルがついている．同じラベルのついた画像を集めれば，「イヌの画像」,「ネコの画像」といった境界のはっきりとした画像の集まり，すなわち集合を構成することができる．データ駆動型 AI では，このようなラベルがついた教師データがなければ学習することができない．言い換えると，ラベルのついていない画像では，AI は学習することができない．たとえ間違っていたとしても，教師データの画像には，必ず，何らかのラベルがついていることになる（図 1.2）．

図 1.2 の下の，おにぎりをイヌと認識する AI はとんでもない例のように思われるかもしれないが，実はそうでもない．例えば，「船」の画像を認識する AI を学習させていたと思ったら，船の画像に必ず一緒に写っている「白波の部分」を AI は船として認識してしまっていた，といったことはデータ駆動型 AI

図 1.2 データ駆動型 AI は教師データが命

ではよくある話である．興味のある読者は専門書を是非読んでみてほしい．

例題 1-1

身の回りにあるモノの集まりをいくつか挙げ，それらが集合かそうでないかを確認せよ．

解答

ポイントとしては，集まりの境界が誰にとっても同じ場合は集合になり，異なる場合は集合にならないところである．例えば，「眼鏡をかけている人の集まり」は境界がはっきりしているので集合になる．一方，「視力の悪い人の集まり」は，「視力の悪い」という表現があいまいで境界がはっきりしていないので集合にならない．■

1.2　集合の表現

集合の表し方として，古くから英大文字 A，B，C を用いる習慣があり，本書でもこの表記方法に従う．もちろん，英大文字でなく「△」，「○」，「■」といった記号，あるいは「集」といった漢字を使ってもかまわない．しかし，記述の容易さ，各集合の区別のしやすさを考えた場合，英大文字が便利である．

集合に入るモノ，あるいは集合を構成するモノを**要素**，また**元（げん）**と呼び，通常，英小文字 a，b，c で表す．

要素 a が集合 A の要素であるとき

$$a \in A \qquad \text{または} \qquad A \ni a, \tag{1.1}$$

と書く．また，a が A の要素でないとき

$$a \notin A \qquad \text{または} \qquad A \not\ni a, \tag{1.2}$$

と書く．集合は境界がはっきりしているモノの集まりなので，$a \in A$ または $a \notin A$ の**いずれか一方だけ**が成立する．

次に集合の中身を表現する方法を2つ紹介する．1つめは，**外延的（がいえんてき）表記**と呼ばれる集合の要素を具体的に書き下す方法である．例えば

$$A = \{1, 2, 3, 4, 5, 6, 7, 8, 9, 10\}, \tag{1.3}$$

と書く方法である．その並び方から，読み手が要素を容易に推測できる場合には，途中部分を「…」として省略した表記

$$A = \{1, 2, \ldots, 9, 10\}, \tag{1.4}$$

を用いてもよい．この省略方法が使えるのは，集合の要素は多いが，規則的に並んでいる場合などである．

もう 1 つの記法は，**内包的（ないほうてき）表記**と呼ばれる集合の要素の条件を記述する方法である．例えば，式 (1.3) の集合は，条件で記述する方法で

$$A = \{n \mid n \text{ は 10 以下の自然数}\}, \tag{1.5}$$

と表すこともできる．内包的表記の条件の記述の仕方は 1 つではなく，この場合においては

$$A = \{n \mid n \text{ は 11 未満の自然数}\}, \tag{1.6}$$

と書くこともできる．

内包的表記における条件は複数記述することもでき，例えば

$$A = \{n \mid n \text{ は 11 未満の自然数}\quad\text{かつ}\quad n \text{ は偶数}\}, \tag{1.7}$$

と書くこともできる．ここで「かつ (and) 」を「,」に置き換えて

$$A = \{n \mid n \text{ は 11 未満の自然数}, n \text{ は偶数}\}, \tag{1.8}$$

と表記することもできる．この「and」を「,」で置き換える表記は，以降，よく登場するので覚えておいてほしい．このように条件の書き方は一通りではなく，自由に記述することができる．よって，どのように記述すべきか悩む場合もあるかもしれないが，大切なのは**読み手にわかりやすい**条件で表現することである（図 1.3 は悪い例）．また，条件については，その集合の境界がはっきりとするように記述すべきであり，

$$A = \{n \mid n \text{ は値段の高いランチ}\}, \tag{1.9}$$

といった記述はしてはいけない．

図1.3　条件が明確でないと世の中大変

例題 1-2

外延的表記と内包的表記のそれぞれの長所・短所を述べよ．

（問題の趣旨：外延的表記と内包的表記の理解）

解答

外延的表記の長所は，集合の様子を一目で把握できること．短所は，要素をすべて書かなければならないところ．一方で，内包的表記の長所は，要素をすべて書く必要がないところ．例えば，「地球上にいる二十歳の人すべて」などは，集合の中身の要素をすべて書くことが難しいが，内包的表記の条件としては適切である．逆に，内包的表記の短所は，集合の中身を一目で把握しにくいところになる．■

この節の最後として，特別な意味を持つ集合の表記方法について紹介する．例えば，数学の分野では，「π」という記号が登場した場合，誰もがそれを円周率であると認識できる．同様に，数の集合には，以下のような誰でも共通して認識できる特別な記号がある．

特別な数の集合

$\mathbb{N}$: 自然数全体の集合
$\mathbb{Z}$: 整数全体の集合
$\mathbb{Q}$: 有理数全体の集合
$\mathbb{R}$: 実数全体の集合
$\mathbb{C}$: 複素数全体の集合

本書でも，これ以降，頻繁に使うことになるのでここでしっかりと覚えておいてほしい．

例題 1-3

数の集合 $\mathbb{N}$, $\mathbb{Z}$, $\mathbb{Q}$, $\mathbb{R}$, $\mathbb{C}$ の要素をいくつか列挙せよ．

（問題の趣旨：特別な数の集合を実は明確に説明できない場合が多いのではないだろうか？例えば自然数が 0 を含むかどうか，有理数という言葉を平易な言葉で表現できるか，確認しておこう．）

解答

$\mathbb{N} = \{1, 2, \ldots\}$, $\mathbb{Z} = \{\ldots, -2, -1, 0, 1, 2, \ldots\}$, $\mathbb{Q} = \{\ldots, \frac{1}{2}, \frac{1}{3}, \frac{1}{4}, \ldots\}$, $\mathbb{R} = \{\ldots, \sqrt{2}, -0.1, -0.09, \}$, $\mathbb{C} = \{\ldots, \sqrt{2}i, -0.1 + i, i, \ldots\}$ など．これらはあくまでも解答の一例． ■

例題 1-4

自然数全体の集合 $\mathbb{N}$ で表す．以下の集合の要素を列挙せよ．

(a) $A = \{x \mid x \in \mathbb{N}, 4 < x < 13\}$　(b) $B = \{x \mid x \in \mathbb{N}, x$ は素数, $x < 20\}$

(c) $C = \{x \mid x \in \mathbb{N}, 2 + x = 9\}$

（問題の趣旨：内包的表記から外延的表記への変換）

解答

(a) A の要素は，4 より大きく 13 より小さい自然数なので，$A = \{5, 6, 7, 8, 9, 10, 11, 12\}$. (b) $B = \{2, 3, 5, 7, 11, 13, 17, 19\}$. (c) C の要素は，$2 + x = 9$ を満たす自然数 x となり，この方程式を解くことで求めることができる．よって $C = \{7\}$. ■

例題 1-5

$\mathbb{N}$ と $\mathbb{Z}$ は，自然数と整数の集合を表す．以下の集合の要素を列挙せよ．

(a) $A = \{x \mid x \in \mathbb{N}, 0 \leq x < 5\}$

(b) $B = \{x \mid x \in \mathbb{N}, x^2 + 1 = 10\}$

(c) $C = \{x \mid x \in \mathbb{N}, x$ は奇数, $-5 < x < 5\}$

(d) $D = \{x \mid x \in \mathbb{Z}, 0 \leq x < 5\}$

(e) $E = \{x \mid x \in \mathbb{Z}, x^2 + 1 = 10\}$

(f) $F = \{x \mid x \in \mathbb{Z}, x$ は奇数, $-5 < x < 5\}$

(g) $G = \{x \mid x$ は都道府県のうち，名前に「山」を含むもの$\}$

（問題の趣旨：数の集合の特性の確認．内包的表記の適用例．(g) は検索エンジンの検索範囲のしぼりこみの一例．）

解答

(a) A は 0 以上，5 未満の自然数なので $A = \{1, 2, 3, 4\}$．(b) $x^2 + 1 = 10$ を満たす数として $x = 3, -3$ があるが，-3 は自然数ではないので，$B = \{3\}$ となる．(c) $C = \{1, 3\}$（C の要素は自然数であることに注意）(d) (a) と異なり，0 以上，5 未満の整数なので，$D = \{0, 1, 2, 3, 4\}$，(e) $E = \{-3, 3\}$　(f) $F = \{-3, -1, 1, 3\}$，（E, F の要素は整数であることに注意）(g) $G = \{$ 山形県，富山県，山梨県，和歌山県，岡山県，山口県 $\}$ ■

1回目
30分経過

1.3　いろいろな集合とその性質

2つの集合 $A = \{1, 2\}$，$B = \{1, 2, 3\}$ を考えたとき，集合 A の要素の 1 と 2 は集合 B の要素になっている．このとき A は B の**部分集合**であるといい，

$$A \subset B \qquad \text{または} \qquad B \supset A, \tag{1.10}$$

と書く．A と B がまったく同じ要素から構成される場合，A と B は**等しい**と呼び

$$A = B, \tag{1.11}$$

で表し，そうでない場合には

$$A \neq B, \tag{1.12}$$

で表す．また，互いが互いの部分集合になっているとき，つまり

$$A \subset B \qquad \text{かつ} \qquad A \supset B, \tag{1.13}$$

の場合，$A = B$ となる．$A \subset B$ と書いた場合，$A = B$ である場合も，$A \neq B$ である場合も含む．特に $A \neq B$ の場合，つまり A が B よりも真に小さい部分集合の場合には，A を B の**真部分集合**と呼ぶ．

対象としているモノすべてを集めた全体を**全体集合**といい，U で表す．また，要素を1つも持たない集合を**空集合**（くうしゅうごう）といい，$\emptyset$ で表す．空集合 $\emptyset$ は，任意の集合 A の部分集合であると定義する．すなわち

$$\emptyset \subset A, \tag{1.14}$$

が成立すると約束する．

集合 A の**要素の数**を $|A|$ で表す．$A = \{1, 2, 3\}$ の場合，$|A| = 3$ となり，空集合の場合，$|\emptyset| = 0$ となる．集合の要素の個数を，**濃度**ともいう．濃度が有限の集合を有限集合と呼び，無限の集合を無限集合と呼ぶ．$A = \{2, 4, 6, \ldots, 100\}$ などは有限集合であるが，$\mathbb{N}$，$\mathbb{Z}$，$\mathbb{Q}$，$\mathbb{R}$，$\mathbb{C}$ は，すべて無限集合である．自然数の集合 $\mathbb{N}$ と同じ濃度を持つ集合のことを**可算無限集合**という．$\mathbb{Z}$，$\mathbb{Q}$ は可算無限集合である．また，$\mathbb{R}$，$\mathbb{C}$ は，$\mathbb{N}$ よりも大きな**連続体の濃度**を持つという．すなわち，無限にも「可算無限」と「連続無限」の2種類がある．

集合 A のすべての部分集合からなる集合を，A の**べき集合**といい，$P(A)$ で表す．例えば，$A = \{1, 2, 3\}$ の場合，$P(A) = \{\emptyset, \{1\}, \{2\}, \{3\}, \{1, 2\}, \{1, 3\}, \{2, 3\}, \{1, 2, 3\}\}$ となる．また，このような集合の集合（集合を要素とする集合）のことを**集合族**という．集合 A の要素の数が n 個の場合，A の部分集合は A 自身と空集合 $\emptyset$ を含む 2^n 通りとなり，そのべき集合 $P(A)$ の要素の数は

$$|P(A)| = 2^n, \tag{1.15}$$

となる．このように，2 を A の要素の数，n 回分掛け合わせた結果が $P(A)$ の要素の数となることから，$P(A)$ はべき集合と呼ばれる．

以上の様々な考え方を以下にまとめる．また，誤解しやすい「要素，集合，べき集合の関係」を図 1.4 にまとめたので，参考にしてほしい．

図 1.4　要素と集合とべき集合（集合族）の関係

集合に関する記号のまとめ

$A \subset B$: A は B の部分集合

$A = B$: 集合 A と B は等しい

U : 全体集合

$\emptyset$: 空集合

$P(A)$: 集合 A のべき集合

$|A|$: 集合 A の要素の数

例題 1-6

次のべき集合とその濃度を求めよ．

(a) $A = \{a, b, c\}$　　(b) $B = \{\{a\}, \{b, c\}\}$

（問題の趣旨：べき集合，集合族の考え方の理解）

解答

(a) 本文中の $\{1, 2, 3\}$ のべき集合と同様に考えればよい．すなわち，$P(A) = \{\emptyset, \{a\}, \{b\}, \{c\}, \{a, b\}, \{a, c\}, \{b, c\}, \{a, b, c\}\}$. 濃度は $|P(A)| = 8$.

(b) B の要素は $\{a\}$ と $\{b, c\}$ すなわち a を要素とする集合と b, c を要素とする集合が要素なので，$P(B) = \{\emptyset, \{\{a\}\}, \{\{b, c\}\}, \{\{a\}, \{b, c\}\}\}$. 濃度は $|P(B)| = 4$. ■

例題 1-7

次に挙げる集合のうち，どれとどれが等しいか判定せよ．

(a) $\{w\}$，$\{y,w,z\}$，$\{w,y,z\}$，$\{y,z,w\}$，$\{w,x,y,z\}$，$\{z,w\}$．

同様に，以下も判定せよ．

(b) $\{4,2\}$，$\{x|x^2-6x+8=0\}$，$\{x|x\in\mathbb{N}, x$ は偶数$, 1<x<5\}$．

(c) $\emptyset$，$\{0\}$，$\{\emptyset\}$．

（問題の趣旨：空集合の考え方，および集合が等しいという考え方の理解）

解答

(a) $\{y,w,z\}$，$\{w,y,z\}$，$\{y,z,w\}$ の 3 つがそれぞれ等しい．(b) それぞれの集合は $\{2,4\}$ となる．すなわち，すべて等しい．(c) $\{0\}$ は 0 を要素とする集合．$\{\emptyset\}$ も，空集合 $\emptyset$ を要素とする集合であり，$\emptyset$ とは等しくないことに注意．なので，結論として，等しいものはない．■

例題 1-8

次の集合のうち，空集合のものはどれか？

$X=\{x|x\in\mathbb{Z}, x^2=9, 2x=4\}$，　　$Y=\{x|x\in\mathbb{Z}, x\neq x\}$，

$Z=\{x|x\in\mathbb{Z}, x+3=3\}$．

（問題の趣旨：空集合の考え方，内包的表現の理解）

解答

$x^2=9$，$2x=4$ の両方を満足する x はないので X は空集合．Y に関しても，自分自身に等しくない要素はないので空集合．Z については，$x=0$ の場合に $x+3=3$ が成立するので，$Z=\{0\}$ となるため，空集合ではない．■

例題 1-9

次の (a)~(d) が成立するか否かを判定せよ．

(a) $\emptyset\subset\emptyset$　　(b) $\emptyset\in\emptyset$　　(c) $\emptyset\subset\{\emptyset\}$　　(d) $\emptyset\in\{\emptyset\}$

（問題の趣旨：空集合の定義の理解）

解答

(a) は，空集合の定義「空集合は任意の集合の部分集合」より，任意の集合として空集合を考えれば，空集合は空集合の部分集合となるので成立する．(b) は，空集合の定義「空集合は要素を１つも持たない集合」より，空集合は空集合を要素として持たないので成立しない．(c) は，(a) と同様に，空集合の定義「空集合は任意の集合の部分集合」より成立する．(d) の右辺は，空集合を要素とする集合（要素を１つ持つ集合）であるので成立する．■

例題 1-10

$A = \{\{a\}, \{b, c, d, e\}, \{c, d\}\}$ とする．以下 (a) ~ (f) が成立するか否か判定せよ．

(a) $a \in A$　(b) $\{a\} \in A$　(c) $\{\{a\}, \{c, d\}\} \subset A$

(d) $\{b, c, d, e\} \subset A$　(e) $\emptyset \subset A$　(f) $\emptyset \in A$　(g) $A \in P(A)$

（問題の趣旨：集合と要素，部分集合の考え方の理解）

解答

(a) ×，(b) ○，(c) ○，(d) ×，(e) ○，(f) ×，(g) ○

a は要素でない．もし，{} がついて，$\{a\}$ であれば A の要素である．なので，(a) ×，(b) ○となる．(d) $\{b, c, d, e\}$ は A の要素であって，部分集合ではないことに注意．(f) $\emptyset$ は任意の集合の部分集合ではあるが，任意の集合の要素にはならないことに注意．図 1.5 に，空集合の性質をまとめたのでチェックしてほしい．

■

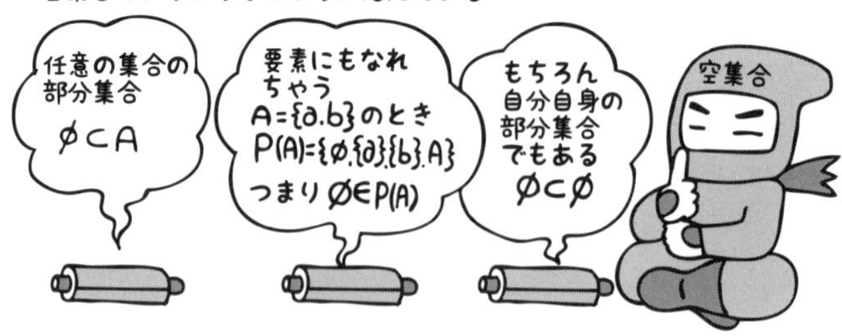

図 1.5　空集合の性質

例題 1-11

空集合を$\emptyset$，集合Aのべき集合を$P(A)$で表すとする．

(1) $P(\{\emptyset\})$を求めよ．

(2) $P(P(\{\emptyset\}))$を求めよ．

（問題の趣旨：空集合の定義の理解）

解答

$P(\{\emptyset\}) = \{\emptyset, \{\emptyset\}\}.$

$P(P(\{\emptyset\})) = P(\{\emptyset, \{\emptyset\}\}) = \{\emptyset, \{\emptyset\}, \{\{\emptyset\}\}, \{\emptyset, \{\emptyset\}\}\}$ ■

さて，コンピュータとべき集合の間には，切っても切り離せない強い関係がある．例えば，要素が属する・属さないを，2進数の1と0に対応させると，ちょうど集合の要素数が2進数の桁数に対応することがわかる．集合の要素が属する，あるいは属さないという2種類の状態をとることが，コンピュータのON，OFFの2進数のロジックと共通しているためである．図1.6は，集合$\{a, b, c\}$の部分集合と，それに対応する2進数（最上位桁がa，中央桁がb，最下位桁がcに対応），そしてそれを10進数に変換したものである．

集合表現	2進表現	10進表現
{ }	000	0
{a }	100	4
{ b }	010	2
{ c}	001	1
{a,b }	110	6
{ b,c}	011	3
{a, c}	101	5
{a,b,c}	111	7

図1.6 べき集合と2進数と10進数の表現

この図のように，要素数が3の集合の部分集合によって，2^3の状態を表現することができることがわかる．オペレーティングシステムにおいても，32ビット，64ビットといった言葉が登場するが，これはコンピュータが情報処理を行う際の基本単位に対応する．よって，ビット数が多ければ多いほど，その処理能力が高いことを意味する．32 ビットのオペレーティングシステムを搭載したコンピュータが取り扱うことのできるメモリ空間は，4 ギガバイト (4,294,967,296) であり，これは，32 個の要素からなる集合のべき集合の要素数 (2^{32}) にちょうど対応する．64 ビットの場合は，64 個の要素からなる集合のべき集合の要素数となり，われわれが想像できないくらいの大きな数となる．

また，液晶パネルとべき集合の間にも同様の関係がある．例えば携帯端末などの画面の大きさを，256×256 画素と仮定する．また，各画素は白黒の 2 種類しか表現できないとする．この画面によって，どのくらいの異なる画像（状態）を作り出すことができるのかといえば，これも 256×256 の要素数，つまり $65,536$ 個の要素からなる集合のべき集合の要素数 2^{65536} となり，非常に大きな数となる（図 1.7）．われわれが目にしている美しい画像は，このような膨大な組合せを表現できるデバイス装置によって作り出されているものである．ビット数，画素数などは，われわれの想像できる範囲の数であっても，それらが組み合わさることによって，爆発するように大きな数になる．われわれが一生のうちに観測できる画面は，これらのデバイス装置によって生み出された多様性の，ごく一部にしかすぎないこともぜひ理解しておいてほしい．

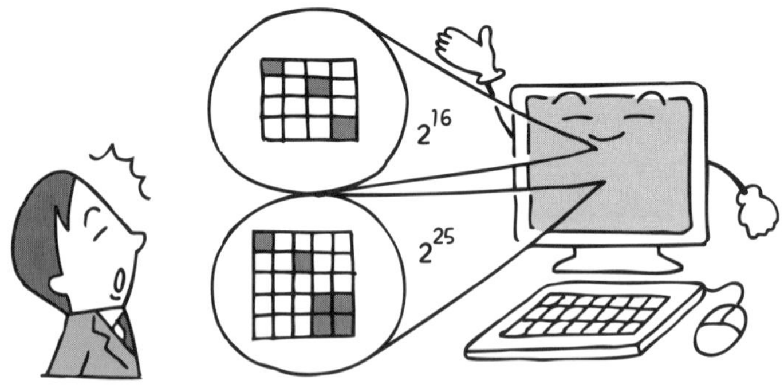

図 1.7　べき集合と 2 進数と 10 進数

このように，組合せが爆発的に大きくなる現象を，**組合せ爆発**と呼び，情報系の分野では，ポジティブな面とネガティブな面をもって頻繁に登場してくる．これらの詳細については，第6章において解説する．

1.4 集合の演算

小学校の算数において，「$1+1=2$」，「$2\times 2=4$」といった，数に対する演算の規則が登場したように，集合にも同様の演算の規則が登場する．検索エンジンの性能の評価なども，この集合演算を学ぶことではじめて実現可能となる．まずは基本となる4種類の演算である，和集合，積集合，差集合，補集合，を紹介する．

様々な集合演算

2つの集合 A, B の**和集合** $A\cup B$ を

$$A\cup B=\{x\mid x\in A\ \text{あるいは}\ x\in B\}, \tag{1.16}$$

積集合 $A\cap B$ を

$$A\cap B=\{x\mid x\in A\ \text{かつ}\ x\in B\}, \tag{1.17}$$

ここで，A, B の**積集合** $A\cap B$ が空集合の場合，すなわち

$$A\cap B=\emptyset, \tag{1.18}$$

の場合を，**互いに素**と呼ぶ．
A と B の**差集合** $A\setminus B$ を

$$A\setminus B=\{x\mid x\in A\ \text{かつ}\ x\notin B\}, \tag{1.19}$$

で定義する．
A の**補集合** $\overline{A}$ は，全体集合と A の差集合

$$\overline{A}=\{x\mid x\notin A\}=U\setminus A, \tag{1.20}$$

で定義する．また差集合は，

$$A\setminus B=A\cap\overline{B}, \tag{1.21}$$

で表現することもできる．

▮例▮　これら4つの演算について，具体的な演算例を示す．まず，全体集合 $U = \{1,2,3,4,5\}$ とし，$A = \{1,2,3\}, B = \{2,3,4,5\}$ と定義する．ここで $A,B \subset U$ であり $A,B \in P(U)$ が成立している．A,B の和集合，積集合，補集合，差集合は

$$A \cup B = \{1,2,3,4,5\}, \tag{1.22}$$

$$A \cap B = \{2,3\}, \tag{1.23}$$

$$\overline{A} = \{4,5\}, \qquad \overline{B} = \{1\}, \tag{1.24}$$

$$A \setminus B = \{1\}, \tag{1.25}$$

となる．補集合については全体集合が定義されないと機能しない演算であることに注意しなければならない．

和集合，積集合の演算について，以下の性質が成立する．これらの性質を用いれば，複雑な演算を簡単化し，効率的な計算をすることができることが多い．

集合演算の性質1

1. べき等律　$A \cup A = A, \qquad A \cap A = A.$

2. 交換律　$A \cup B = B \cup A, \qquad A \cap B = B \cap A.$

3. 結合律　$(A \cup B) \cup C = A \cup (B \cup C),$
$(A \cap B) \cap C = A \cap (B \cap C).$

4. 分配律　$A \cup (B \cap C) = (A \cup B) \cap (A \cup C),$
$A \cap (B \cup C) = (A \cap B) \cup (A \cap C).$

5. 吸収律　$A \cup (A \cap B) = A, \qquad A \cap (A \cup B) = A.$

ここで1. べき等律とは，「自身に対して，和集合や積集合を作用させても，自分自身は変化しないこと」を表している．2. 交換律は，「和集合と積集合のそれぞれの演算の1項目と2項目を交換しても，演算結果が変わらないこと」を表す．当たり前のように思えるかもしれないが，世の中には交換律が成立しない演算もあり，例えば，差集合に関しては交換律が成立しない．3. 結合律は，「演算する順番を変えても，演算結果が変わらないこと」を表す．

全体集合，空集合に関しても，以下のような性質が成立する．

集合演算の性質 2

6. $A \cup \emptyset = A, \quad A \cap \emptyset = \emptyset.$
7. $A \cup U = U, \quad A \cap U = A.$
8. $A \cup \overline{A} = U, \quad A \cap \overline{A} = \emptyset.$
9. $A = \overline{\overline{A}}.$

そして最後に，**ド・モルガンの法則**と双対原理を以下に示す．

集合演算の性質 3（ド・モルガンの法則）

10. $\overline{A \cup B} = \overline{A} \cap \overline{B},$
11. $\overline{A \cap B} = \overline{A} \cup \overline{B}.$

双対原理

集合に関する任意の正しい式について，和集合と積集合を入れ替え，全体集合 U と空集合 $\emptyset$ を入れ替えた式も正しい

集合演算の性質 1 から 3 において，双対原理を利用すれば一方からもう一方の式を導き出すことができる．

さて，ド・モルガンの法則は，「集合 A と B の和集合の補集合は，A と B のそれぞれの補集合の積集合に等しい」というものである．ド・モルガンの法則が情報系においてどのような場面で役に立つのかを，プログラミングの場面を例に示す．

例 ある学生たちの名前，学籍番号，年齢，クラスなどの情報が格納されたデータベースを操作するプログラムを作っているとする．ここで，「学生の年齢 (age) が 20 歳，かつ，所属しているクラス (class) が 2 組」という条件に当てはまらない場合に何らかの処理を実現するプログラムであるとする．この条件をそのままプログラムとして書き下すと以下のようになる．

ド・モルガン適用前

```
if (! (age == 20 && class == 2)) {
  何らかの処理;
}
```

この場合，自分自身でプログラムしている場合には，ifの条件文の中身について気にならないかもしれないが，ほかの人が見た場合に，わかりにくい記述になっているかもしれない（自分自身も時間経過とともに記憶が薄れるので，1年後の自分は他人と考えてプログラムすることが重要である（図1.8））．特に，このわかりにくさの場合，否定の影響する範囲が大きいのが，その1つの要因になっているかもしれない．そこで，これに対しド・モルガンの法則を使い，条件文の中身を以下のように書き換えてみる．

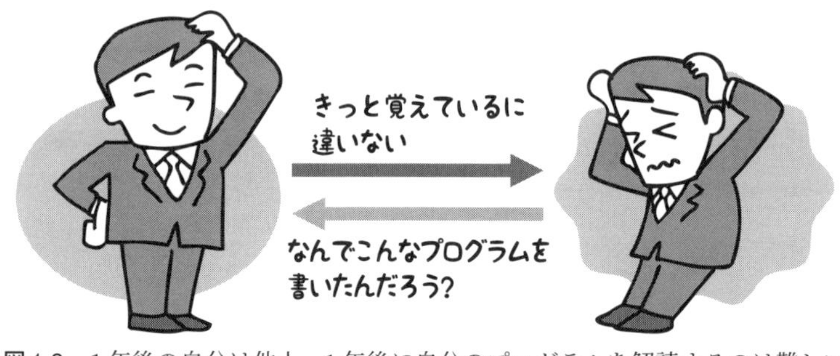

図1.8 1年後の自分は他人．1年後に自分のプログラムを解読するのは難しい

ド・モルガン適用後

```
if ((age != 20) || (class !=2)) {
  何らかの処理;
}
```

ここで，条件文の中身は，「20歳ではない，あるいは，クラスが2組ではない学生」という形式になっており，こちらの方が，ほかの人が見た場合にも，直感的にわかりやすいプログラムの構造になっている．特に否定が影響する部分が，細かく分割されているのでイメージしやすいのではないだろうか？

次に，プログラミングを離れて，日常生活におけるド・モルガンの事例を探してみよう．例えば，

日常生活におけるド・モルガンの事例

学校のクラスにおける面倒な当番（掃除当番など）を割り当てる場面を考える．「前回か前々回やった人，以外の人」と言うよりも「前回も，前々回もやってない人」と言う方が罪悪感をあおり，主体的参加が望める，かもしれない．

などは，面白い例であろう．ここでは，「前回か前々回やった人，以外の人」は，ド・モルガンの法則における $\overline{A \cup B}$,「前回も，前々回もやってない人」は，$\overline{A} \cap \overline{B}$ にそれぞれ対応する．このほかにも，日常生活においてド・モルガンの興味深い事例があるかもしれないので，ぜひ探してみてほしい．

例題 1-12

全体集合 $U = \{1, 2, \ldots, 8, 9\}$ とし，

$A = \{1, 2, 3, 4, 5\}$, $B = \{4, 5, 6, 7\}$, $C = \{5, 6, 7, 8, 9\}$, $D = \{1, 3, 5, 7, 9\}$, $E = \{2, 4, 6, 8\}$, $F = \{1, 5, 9\}$

とする．以下の集合を求めよ

(a) $A \cup B$ (b) $A \cap C$ (c) $D \cup E$ (d) $A \cap (B \cup E)$ (e) $(A \cap D) \setminus B$

(f) $\overline{(A \setminus E)}$ (g) $(U \cap A) \cup (B \cap A)$ (h) $(A \cup B) \cap (A \cup \overline{B})$

（問題の趣旨：集合の演算の性質の理解）

解答

(a) $\{1, 2, 3, 4, 5, 6, 7\}$ (b) $\{5\}$ (c) $\{1, 2, 3, 4, 5, 6, 7, 8, 9\}$ (d) $\{2, 4, 5\}$ (e) $\{1, 3\}$ (f) $\{2, 4, 6, 7, 8, 9\}$ (g) A (h) $\emptyset$

(g) と (h) については，特に集合演算の性質をうまく利用して考える方が，要素ごとに考えるよりも効率的である．■

例題 1-13

$A \setminus (B \cup C) = (A \setminus B) \cap (A \setminus C)$ を証明せよ．

（問題の趣旨：差集合とド・モルガンの特性理解）

解答

左辺に関して，差集合の別表現の式 (1.21) とド・モルガンの法則を使うことで，右辺になることを示せばよい．つまり，以下のようになる．

$A \setminus (B \cup C) = A \cap \overline{(B \cup C)} = A \cap (\overline{B} \cap \overline{C}) = (A \cap \overline{B}) \cap (A \cap \overline{C}) = (A \setminus B) \cap (A \setminus C).$

■

例題 1-14

以下を証明せよ（左辺のカッコの位置が違うだけで，実体はずいぶん違ってくる）．

(1) $(A \setminus B) \setminus C = A \setminus (B \cup C)$

(2) $A \setminus (B \setminus C) = (A \setminus B) \cup (A \cap C)$

（問題の趣旨：集合演算の理解）

解答

(1) については，以下のように集合演算の性質を使って，左辺から右辺の変形を行うことで証明ができる．

$$
\begin{aligned}
(A \setminus B) \setminus C &= (A \cap \overline{B}) \cap \overline{C} && \text{差集合の定義} \\
&= A \cap (\overline{B} \cap \overline{C}) && \text{結合律} \\
&= A \cap \overline{(B \cup C)} && \text{ド・モルガン} \\
&= A \setminus (B \cup C) && \text{差集合の定義}
\end{aligned}
$$

(2) についても同様に，

$$
\begin{aligned}
A \setminus (B \setminus C) &= A \cap \overline{(B \cap \overline{C})} && \text{差集合の定義} \\
&= A \cap (\overline{B} \cup C) && \text{ド・モルガン} \\
&= (A \cap \overline{B}) \cup (A \cap C) && \text{分配律} \\
&= (A \setminus B) \cup (A \cap C) && \text{差集合の定義}
\end{aligned}
$$

■

第1回目
終了（90分）

1.5 ベン図

ベン図は複数の集合とその関係を図的に表現する手段である．全体集合 U は長方形およびその内部で表し，ほかの集合は長方形内の円（内部も含む）やそれらの重なりなどによって表す．

和集合と積集合のベン図の1例を図1.9に示す．また，補集合と差集合の1例を図1.10に示す．それぞれ言葉や数式による表現よりも直感的でわかりやすいのではないだろうか？

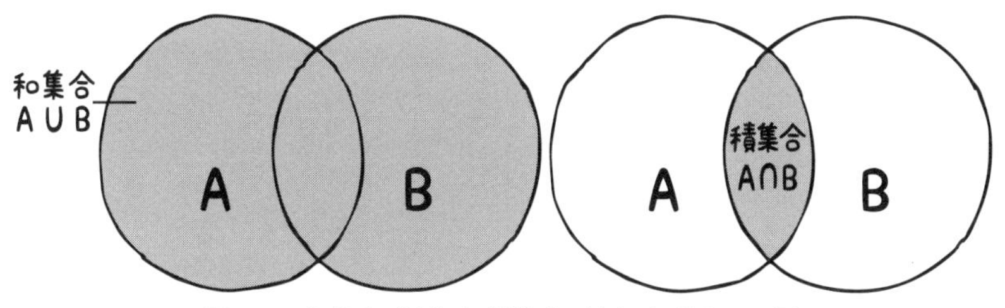

図1.9　和集合（左）と積集合（右）を表すベン図

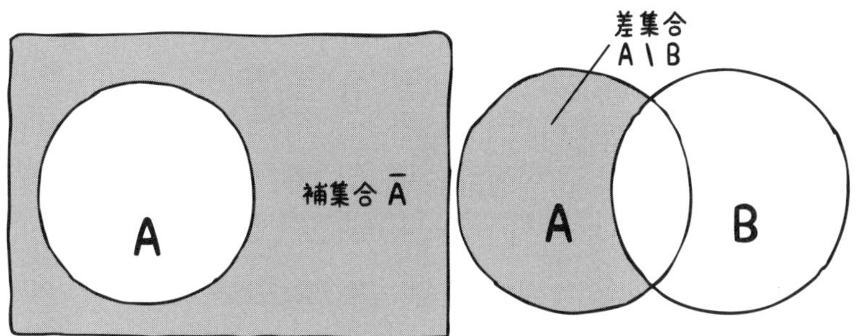

図1.10　補集合（左）と差集合（右）を表すベン図

例題 1-15

ド・モルガンの法則をベン図で確かめよ．

（問題の趣旨：ベン図の理解）

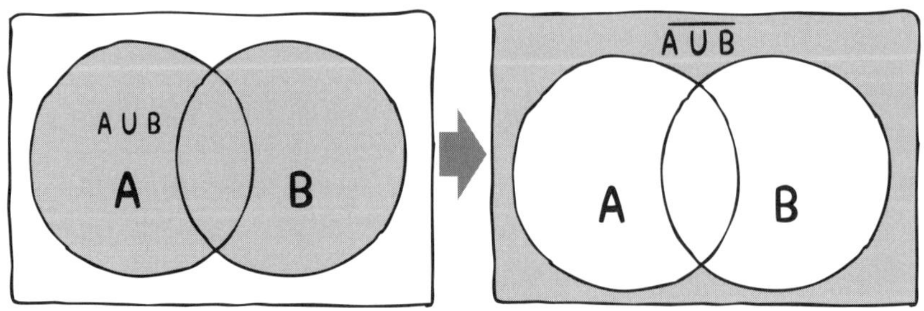

図 1.11　図左のグレーの部分は $A \cup B$．図の網掛け部は $\overline{A \cup B}$

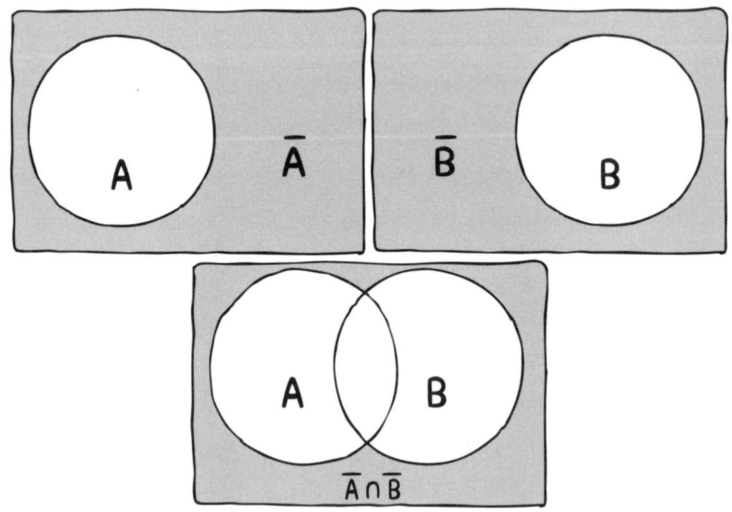

図 1.12　図の上段左の網掛け部は $\overline{A}$．図の上段右の網掛け部は $\overline{B}$．図の下段の網掛け部は $\overline{A} \cap \overline{B}$.

解答

図 1.11 が，$\overline{A \cup B}$ を求める過程を表しており，図 1.12 が，$\overline{A} \cap \overline{B}$ を求める過程を示すものである．両方の結果が一致することにより，ド・モルガンの法則が成立することが確認できる．■

思考の整理に，ベン図は非常に強力である．例えば，以下のような例題を考える．

例題 1-16

ある国においては次の3つの仮定が成立するものとする．

S_1 : すべての詩人は幸福な人である．

S_2 : すべての医者は裕福である．

S_3 : 幸福で，かつ裕福な人はいない．

これらの仮定が成立するとき，次の各結論が妥当か否かを判定せよ．

(a) どの詩人も裕福ではない

(b) 医者は幸福な人である

(c) 詩人で，かつ医者の人はいない

（問題の趣旨：ベン図による判断推理）

解答

この問題を，そのまま解ける人はよいが，そうではない人のためにベン図を使った解き方を紹介する．上記の S_1 と S_2 と S_3 をベン図で表すと図 1.13 となる．

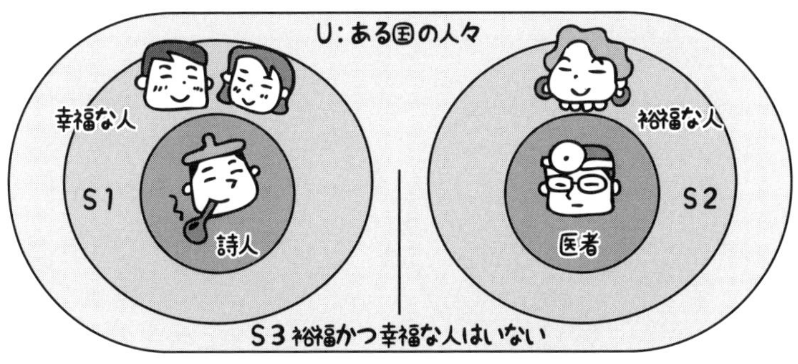

図 1.13　S_1 と S_2 と S_3 のベン図表現

このように描かれたベン図を用いると，例えば (a) と (c) は妥当であるが，(b) は妥当ではないことがわかる．■

例題 1-17

ある国においては次の3つの仮定が成立するものとする．

S_1 : すべての辞書は有用である．

S_2 : 太郎は小説のみ持っている．

S_3 : 有用な小説は存在しない．

これらの仮定が成立するとき，次の各結論が妥当か否かを判定せよ．

(a) 小説は辞書ではない．

(b) 太郎は辞書を持っていない．

(c) すべての有用な本は辞書である．

（問題の趣旨：ベン図による判断推理）

解答

それぞれの集合の関係をベン図で表現すると図1.14となる．小説の集合と辞書の集合は互いに素なので，(a) の結論は「○」となる．また，太郎の持っている本の集合と，辞書の集合は互いに素なので (b) の結論は「○」．辞書の集合は有用な本の集合の部分集合であるため，有用な本の要素として，辞書ではないものも存在する．よって (c) の結論は「×」となる．■

図 1.14　例題 1-17 の解答の参考のためのベン図

例題 1-18

ある学校においては次の2つの仮定が成立するものとする

S_1 : 何人かの生徒は時間にルーズである.

S_2 : すべての男性は時間にルーズである.

これらの仮定が成立するとき，次の各結論が妥当か否かを判定せよ.

(S) 何人かの生徒は男性である.

（問題の趣旨：ベン図による判断推理）

解答

成立しない．この場合，ベン図として図1.15のように2つのパターンを描くことができ，これにより成立するかもしれないし，成立しないかもしれず，どちらとも言えないという結論になる．■

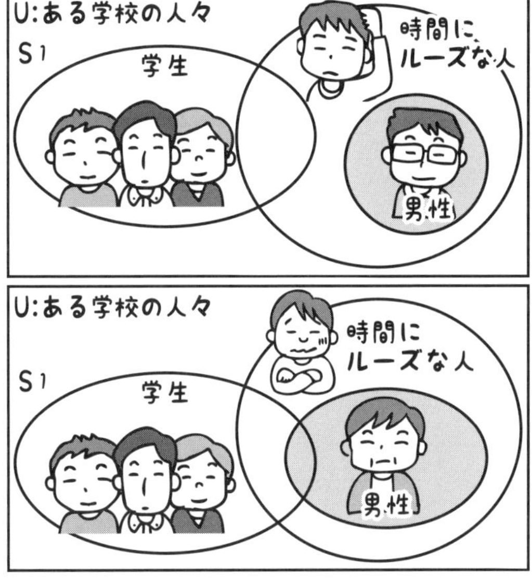

図 1.15　例題 1-18 の解答の参考のためのベン図

このように，ベン図は，直感的で非常にわかりやすい道具である．一方で，集合の数が多くなるほどわかりにくくなってしまう弱点もある．実用的には 3 つ程度の集合の関係を表現するくらいが限度であることも覚えておいてほしい．

1.6　包除原理

第 2 回目
30 分経過

集合の濃度を考えるとき，和集合の重複部分の取り扱いに注意しなければならない．例えば，あるクラスにおいて，「メガネをかけている人が 25 人」「メガネをかけていない人が 15 人」とすれば，そのクラスの人数は「25 人 + 15 人 = 40 人」と計算できる．しかし，あるクラスにおいて「週刊誌 A を購読している人が 10 人いる」「週刊誌 B を購読している 8 人いる」として，そのクラスで週刊誌を読んでいる学生は何人になるかを計算しようとしたときには，単純に「10 人 + 8 人 = 18 人」にはならない場合が多い．なぜならば，メガネの場合と異なり，週刊誌 A と B を両方購読している学生が存在するかもしれないからである（すなわち「だぶり」が存在する）．この重複の部分を取り除かなければ正確な人数を求めることができない．ここで，週刊誌 A と B の両方を購読している学生の数を知ることができれば，以下の計算式で和集合の濃度を計算することができる．

和集合の濃度の計算式

U を有限な全体集合とする．A および B を U の部分集合とするとき，集合の濃度に関して，次の式が成立する．

$$\begin{aligned} |A \cup B| &= |A| + |B| - |A \cap B|, \\ |\overline{A}| &= |U| - |A|. \end{aligned}$$

上式は，2 つの和集合の場合のみ適用できる．3 つ以上の集合に適用する場合には，以下のような一般化した式で計算することができる．

包除原理

$|A_1 \cup A_2 \cup \ldots \cup A_n|$ は,

$$\sum_{1 \le i \le n} |A_i| - \sum_{1 \le i < j \le n} |A_i \cap A_j| + \sum_{1 \le i < j < k \le n} |A_i \cap A_j \cap A_k| + \cdots + (-1)^{n-1} |A_1 \cap A_2 \cap \ldots \cap A_n|, \tag{1.26}$$

で計算できる.

例えば, $n = 3$ の場合上記の公式に当てはめると $|A_1 \cup A_2 \cup A_3|$ となるので,

$$|A_1 \cup A_2 \cup A_3| = |A_1| + |A_2| + |A_3| - |A_1 \cap A_2| - |A_1 \cap A_3| - |A_2 \cap A_3| + |A_1 \cap A_2 \cap A_3|, \tag{1.27}$$

が得られる.

この濃度の計算方式は，まず「重なっている部分を含めて」数え上げ，そのあと「重なりを取り除く」，さらに「取り除きすぎた部分を補填」といった操作を繰り返すため（図 1.16），**包除（ほうじょ）原理**と呼ばれている.

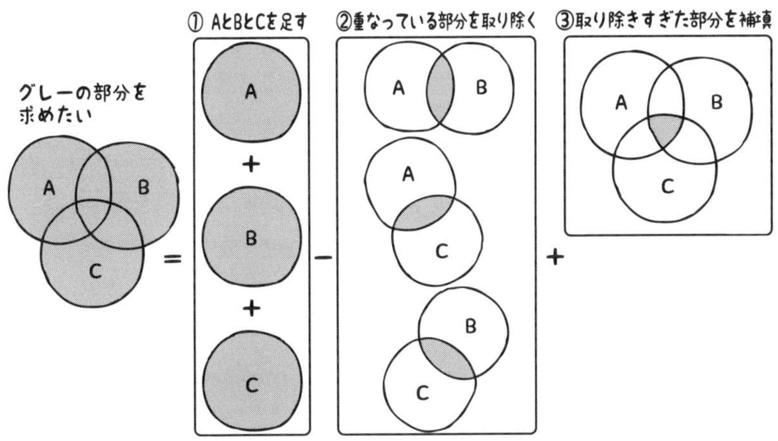

図 1.16 包除原理の計算過程の 1 例

例題 1-19

あるクラスには，学生が20人在籍しており，それぞれに出席番号が1から20まで割り当てられている．各自の出席番号に対応して，その学生の机にシールが貼られたり，貼られなかったりするとする．そのシールの貼り方のルールは以下のとおり．

(a) その学生の出席番号が2の倍数ならば，その学生の机にシールが貼られる．　(b) その学生の出席番号が3の倍数ならば，その学生の机にシールが貼られる．　(c) その学生の出席番号が2の倍数でも3の倍数でもないときに，シールは貼られない．

このクラスの学生20人のうち，机にシールが貼られる学生は何人いるか？
（問題の趣旨：包除原理の理解）

解答

(a) 出席番号が2の倍数の学生は，$2, 4, 6, \ldots, 20$ で10人．(b) 出席番号が3の倍数の学生は，$3, 6, 9, \ldots, 18$ で6人．(c) 出席番号が2の倍数と3の倍数でだぶっているのは，$6, 12, 18$ で，3人．

よって，机にシールが貼られる学生は，(a) を集合 A，(b) を集合 B に対応させると

$$|A \cup B| = |A| + |B| - |A \cap B| = 10 + 6 - 3 = 13. \tag{1.28}$$

よって13人となる．■

例題 1-20

ある大学において，大学1年生を対象に，各人がどんな雑誌を読んでいるのかをたずねた．全体のうち，75人は雑誌Aを読んでいると回答し，25人は雑誌Aを読んでいないと回答した．また，50人は雑誌Bを読んでおり，25人は雑誌AもBも読んでいないと回答した．この情報を手がかりに，以下の人数を求めよ．

(a) 1年生全員の人数 (b) 雑誌AもBも読んでいる人数 (c) 雑誌Bのみを読んでいる人数

(問題の趣旨：包除原理の理解)

解答

(a) $|U| = |A| + |\overline{A}| = 75 + 25 = 100.$

(b) $|A \cup B| = |U| - |\overline{A \cup B}| = 100 - 25 = 75.$ 包除原理の $|A \cup B| = |A| + |B| - |A \cap B|$ より，$|A \cap B| = |A| + |B| - |A \cup B| = 75 + 50 - 75 = 50.$

(c) $|B| - |A \cap B| = 50 - 50 = 0.$ ■

1.7 集合の応用事例

ここから，集合演算の応用事例をいくつか紹介する．

1.7.1 検索性能の評価（適合率，再現率，F値）

われわれが普段からよく利用する検索エンジンの良し悪し，すなわち検索性能の評価は集合演算に基づいて行われる場合が多い．ここで紹介する性能の評価指標はいずれも代表的かつ基本的なものである．情報検索に興味がある，あるいは研究しようと思っている場合には，ぜひおさえていてほしい．

適合率と再現率とF値

ある検索の結果，得られたドキュメント（ページと解釈してもよい）の集合をMとする．ユーザーの欲しいと思っているドキュメントの集合をNとする（図1.17）．検索エンジンの評価指標である**適合率**と**再現率**は，それぞれ

$$\text{適合率}\ P = \frac{|M \cap N|}{|M|},$$

$$\text{再現率}\ R = \frac{|M \cap N|}{|N|},$$

で定義される．適合率は検索結果として得られたドキュメント中に，ど

れだけユーザーの希望に適合したドキュメントを含んでいるかという「正確性」の指標であり，再現率はユーザーの希望のドキュメント（正解）のうちでどれだけのドキュメントを検索できているかという「網羅性」の指標である．

適合率を上げれば再現率が下がり，再現率を上げれば適合率が下がるという傾向があるため，それぞれの調和平均をとった尺度である**F値**

$$F = \frac{2 \cdot P \cdot R}{P + R},$$

が用いられる場合もある．

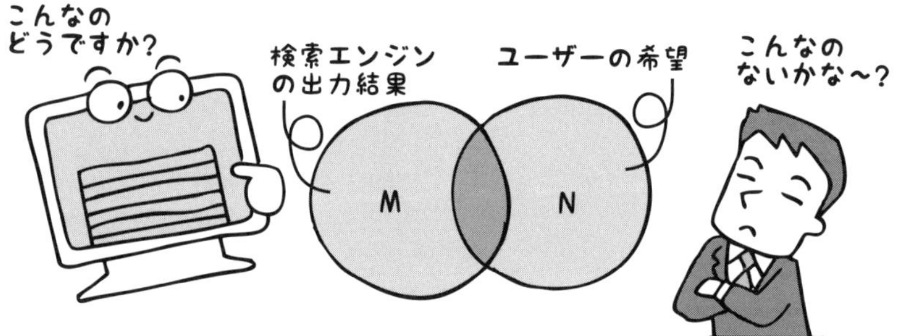

図1.17　検索エンジンの出力結果 M とユーザーの希望 N の関係

例題 1-21

世の中に存在するWebページの全体集合 U，検索エンジンの検索結果 M，ユーザーの希望するWebページの集合 N を自分なりに設定し，適合率および再現率を計算せよ．

また，検索エンジンの結果 M の数を自由に設定できるとすれば，M がどのような値の場合に適合率が大きくなるか？逆に再現率を大きくするには，M をどのように設定すればよいか？

（問題の趣旨：適合率と再現率の理解）

解答

世の中に存在する Web ページ全体を $U = \{1, 2, 3, \ldots, 10\}$ とする．このうち，ユーザーが希望するページを $N = \{1, 4, 5, 9\}$ とする．また，ユーザーの希望に応えるため，ある検索エンジンが $M = \{2, 4, 9\}$ という検索結果を出力したとする．この場合，この検索エンジンの適合率，再現率は，それぞれ

$$\text{適合率} = \frac{|M \cap N|}{|M|} = \frac{2}{3},$$

$$\text{再現率} = \frac{|M \cap N|}{|N|} = \frac{2}{4} = \frac{1}{2},$$

となる．適合率を最大にするためには，適合率の分子が大きくなるか，分母が小さくなるかの方策をとればよい．ここでコントロール可能なのは，検索エンジンの出力結果の集合 M のみであるから，分母の方を小さくする方策をとればよい．すなわち，究極的にはユーザーの希望するページを 1 つだけ提示するようにすればよい．具体的には $M = \{1\}$，$M = \{4\}$ などとすれば適合率は最大値の 1 となる．

再現率の方は，分子が最大になるようにすればよいので，究極的には，検索エンジンの出力結果の集合 M として全体集合をもってくれば，$|N \cap M|$ の値は最大値の 1 となる． ■

1.7.2 集合の類似度（ジャッカード係数，ダイス係数，シンプソン係数）

第 2 回目
60 分経過

ある地図において任意の 2 点の地理的な関係，例えば 2 つの都市が近いか遠いかを判断する場合，それらの間の距離を，定規を用いて直線距離を計測すればよい．あるいは 2 点間をつなぐ道を糸でたどり，その糸の長さを定規で計測して道のりの長さを算出することができる（図 1.18（左））．

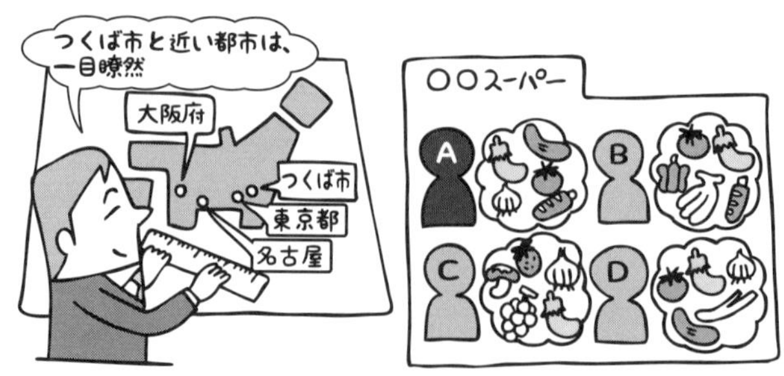

図 1.18　地図上の2点間の距離は一目瞭然（左）だが，集合どうしの類似度は一目瞭然とはいかない

次に，地図としては異なる例として，Aさん，Bさん，Cさん，Dさんが，あるお店で買い物をしている場合を考える．このときAさんの買物の集合 A と，そのほかの人たちの買物の集合 B, C, D が，どの程度似ているのかを判断するのは，2点間の距離ほど単純ではない（図1.18）．それぞれの買物の集合がどの程度似ているかを表す指標を集合の**類似度**と呼び，利用場面に応じて，いろいろな計算方法が考案されている．ここでは，4つの代表的な集合の類似度を紹介する．

いろいろな集合の類似度

（共起頻度）　$C(A, B) = |A \cap B|,$

（ジャッカード係数）　$J(A, B) = \dfrac{|A \cap B|}{|A \cup B|},$

（ダイス係数）　$D(A, B) = 2 \times \dfrac{|A \cap B|}{|A| + |B|},$

（シンプソン係数）　$S(A, B) = \dfrac{|A \cap B|}{\min(|A|, |B|)}.$

共起頻度は，積集合の濃度で定義される最も素朴な尺度である．計算しやすいが，集合 A あるいは集合 B が大きければ，共起頻度も大きい値になりやすく，これが問題点になる場合もある．この点を解消したのが，以下の3つの類似度になる．

ジャッカード係数は，積集合 $A \cap B$ の濃度を，和集合 $A \cup B$ の濃度で割ったものに対応し，集合 A,B の濃度がどんなに大きくても，必ず $[0,1]$ の範囲に収まる．この係数では，集合 A あるいは B の濃度に偏りがある場合，具体的には $|A| = 10$，$|B| = 10,000$ の場合，たとえ A の要素がすべて B に一致したとしても，$|A \cap B| = 10$，$|A \cup B| = 10,000$ となり，$J(A,B) = 0.001$ となってしまう．つまり，ジャッカード係数は，大きい方の集合の観点から類似度を考えていることになる．

一方，シンプソン係数は，小さい方の集合の観点で類似度を計算するものであり，積集合 $A \cap B$ の濃度を，集合 A あるいは B の小さい方の濃度で割ったものに対応する．この係数では，$|A| = 10$，$|B| = 10,000$ であるとし，A の要素がすべて B に一致していれば，$|A \cap B| = 10$，$\min(|A|,|B|) = 10$ となり，$S(A,B) = 1$ となる．

ダイス係数は，ジャッカード係数とシンプソン係数の特性の中間をとったものに対応している．

いずれの類似度が適しているのかは，目的によって異なるので，それぞれの場面に応じて適切な類似度を選択してほしい．

例題 1-22

あるショッピングサイトにおいて，A さんのカゴの中身が，商品番号の集合 $A = \{1,2,3\}$ で表され，B さんのカゴの中身が $B = \{2,3,4,5,6,7,8,9,10\}$ で表現されているとする．A さんと B さんの買い物カゴの類似度を，共起頻度，ジャッカード係数，ダイス係数，シンプソン係数で計算せよ．

（問題の趣旨：集合の類似度の理解）

解答

それぞれの類似度を計算すると，

$$C(A,B) = |A \cap B| = 2,$$

$$J(A,B) = \frac{|A \cap B|}{|A \cup B|} = \frac{2}{10} = 0.2,$$

$$D(A,B) = 2 \times \frac{|A \cap B|}{|A| + |B|} = 2 \times \frac{2}{12} = \frac{1}{3},$$

$$S(A,B) = \frac{|A \cap B|}{\min(|A|, |B|)} = \frac{2}{3}.$$

このように，ジャッカード係数は，大きな方の集合 B の視点から類似度が計算され，シンプソン係数は逆に小さな方の集合 A の視点から類似度が計算されている．■

1.7.3　包除原理の応用（効率的なカウント手法と部屋割りの組合せ）

ここでは包除原理を利用した効率的なプログラミングの例を示す．あらためて，包除原理の公式を以下に示す．

$$\sum_{1 \le i \le n} |A_i| - \sum_{1 \le i < j \le n} |A_i \cap A_j| + \sum_{1 \le i < j < k \le n} |A_i \cap A_j \cap A_k| + \cdots + (-1)^{n-1} |A_1 \cap A_2 \cap \ldots \cap A_n|. \tag{1.29}$$

では，以下の問題のプログラムを数えてみる．

あるプログラミングコンテストの例題

1以上 n 以下の整数で，$a_1, a_2, \ldots, a_m$ のうち，少なくとも1つで割り切れる数の個数を計算せよ．

上記例題に具体的に数字を入れた例題「例：$n = 100$，$m = 2$ とし，ここで $a_1 = 2$，$a_2 = 3$」を考える．

この問題を，そのまま解こうとすれば，$n = 1 \sim 100$ のそれぞれについて，2で割れる数であるか，3で割れる数であるか，というように条件を満たすかどうかを判定してゆくことになる．つまり，$n \times m$ 回の条件判定をしなければならない．m および n がともに，それほど大きい数ではない場合にはよいが，$n = 10^{20}$ といった数になると，処理時間が非常に長くなってしまう．

ここで包除原理を利用すると処理時間を短くすることができる．まず，2および3のうち，少なくともどちらかで割り切れる数の個数を数えればよいので，2の倍数については，$100/2 = 50$ で50個，同様に3の倍数が33個存在することは簡単に計算できる．2と3の倍数で共通したもの，すなわち6の倍数が重複しているので，6の倍数の個数の16個を引いたものが，この例題に対する正解となる．2の倍数と3の倍数を一度足して（イメージとしては，**包み込んで**），そこから6の倍数を引く（イメージとしては，**除く**），このように，包んで除く，包除原理を利用すれば簡単に解くことができる．ここでポイントとなるのは，2の倍数の個数が $100/2 = 50$，3の倍数の個数も $100/3 = 33$ というように，n の大きさにかかわらず，ほぼ1回分の除算で求められるところにある．包除原理を利用すれば，$a_1, a_2, \ldots, a_m$ について，それぞれを取り出したすべての組合せを調べれば，計算が完了することになる．

包除原理のもう1つ有名な応用として組み分け問題がある．

組み分け問題

4人 a, b, c, d を，3組 A, B, C に分けたい．何通りあるだろうか？ただし，それぞれの組には最低1人配置されるようにしなければならない．

このような問題は，「食べ物とお皿」「人員と仕事」など，日常生活においても多く存在する．そして，これらの問題はすべて，包除原理を利用して解くことができるので，覚えておいてほしい．

さて，この問題を解くポイントは，それぞれの組に最低1人配置されるというところにある．まず，4人を何の制約もつけずに3つの組に分けることを考える．ここでは，1人について3つの組を選択することができるので，

$$3 \times 3 \times 3 \times 3 = 3^4 = 81,$$

となる．この81通りの分け方には，1つの組に1人も配置されていない場合，あるいは2つの組に1人も配置されていない場合が含まれているので，それぞれを引くと，今回の問題の解答である「それぞれの組に最低1人配置される分け方」の数を求めることができる（図1.19）．では，1つの組に1人も配置されていない場合を考える．例えば，組 A に1人も配置されていない場合 N_A は，各人，A を除く B および C を選択することができるので，

$$N_A = 2 \times 2 \times 2 \times 2 = 2^4 = 16,$$

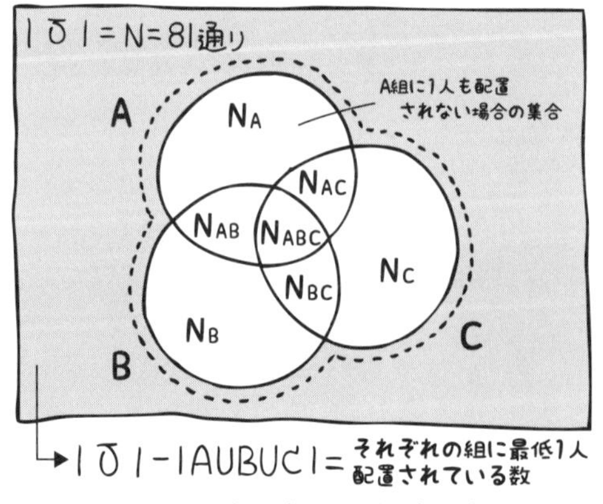

図 1.19　組み分け問題の考え方

となり，N_B および N_C も同様に計算できる．では，これらの N_A，N_B，N_C，を N から単純に引いてしまえば答えがでるかといえばそうでもない．というのは N_A の中には，組 A にも B にも配置されていない場合 N_{AB} と組 A にも C にも配置されていない場合 N_{AC} が含まれているからである．よって，

$$N - N_A - N_B - N_C,$$

とすると，N_A と N_B に含まれている N_{AB} が1回余分に N から引かれることになってしまう．N_{AC} と N_{BC} も同様に余分に引かれているので，この分を足さなければならない．

では，A および B に1人も配置されていない場合は，各人 C のみ選択することになるので

$$N_{AB} = 1 \times 1 \times 1 \times 1 = 1,$$

となる．この分を足すと

$$N - N_A - N_B - N_C + N_{AB} + N_{BC} + N_{AC}.$$

そして最後，A, B, C にいずれも配置されていない場合もあるが，これは各人がどの組にも配置されないということになり，ありえないため，

$$N_{ABC} = 0,$$

となる．以上より，包除原理を利用すれば，

$$N - N_A - N_B - N_C + N_{AB} + N_{BC} + N_{AC} - N_{ABC}$$
$$= 81 - 16 - 16 - 16 + 1 + 1 + 1 - 0 = 36,$$

と計算できる．

例題 1-23

以下の組合せを計算せよ．

(1) a, b, c, d, e の5人を，A, B, C の3部屋に分ける（空室なし）

(2) a, b, c, d, e の5人を，A, B, C, D の4部屋に分ける（空室なし）

（問題の趣旨：包除原理を利用した組み分け問題の解法の理解）

解答

(1)

$$N - N_A - N_B - N_C + N_{AB} + N_{BC} + N_{AC} - N_{ABC}$$
$$= 243 - 32 - 32 - 32 + 1 + 1 + 1 - 0 = 150.$$

(2)

$$N - N_A - N_B - N_C - N_D + N_{AB} + N_{AC} + N_{AD} + N_{BC} + N_{BD} + N_{CD}$$
$$- N_{ABC} - N_{ABD} - N_{BCD} - N_{ACD} + N_{ABCD}$$
$$= 1024 - 243 - 243 - 243 - 243 + 32 + 32 + 32 + 32 + 32 + 32$$
$$- 1 - 1 - 1 - 1 + 0 = 240. \blacksquare$$

1.8　AIと集合

AIの分野において集合の考え方は非常に重要である．現在，主流となっているAIには大量の教師データが必要であり，それらは集合として定義しなければならないことは，すでに述べた．AI時代においては，「単なるデータの集まり」は意味がなく，「データの集合」であることが非常に重要なのである．言い換えると，「データの集まり」と「データの集合」では，その価値が決定的に

異なることになる．昨今，「データは命」とか，「データを守らなければならない」といったセリフを耳にするが，ここでいうデータとは「データの集まり」ではなく「データの集合」を示していることを理解しておいてほしい．

さて一方で，この大量のデータの集合は，誰が，どこから，どのように調達するのであろうか？実は，画像がネコである，画像はイヌである，といったラベルづけは，一般的に人手で行われており，AIの分野では**アノテーション**と呼んでいる．このアノテーションは，人手で行われるため，膨大な時間とお金がかかる．よって，データ駆動型AIをゼロから構築することは，膨大な時間とお金がかかることになる．では，AIの分野に，これから参入しようとする学生さんたちは，お金がないので手が出せないのかといえば，そうではない．このような人たちのために，すでに，膨大なデータによって学習が行われている学習済みのAIを，自分がこれからやろうとする分野のAIに，少数のデータによって学習しなおす技術，**転移学習**の研究が盛んに行われているので，ぜひ興味のある読者は関連書籍を読んでほしい．

AIの分野において，集合が強く関連する話題をもう1つ挙げたい．それは，**訓練データ**と**テストデータ**についてである．一般的に，AIでは，訓練データとテストデータの2つに分けて，学習と評価を行う．ここでは，まず，訓練データのみを使って学習を行い，AIを訓練する（より専門的には，AIの最適なパラメータを探索する，と表現する）．次に，テストデータを使って，訓練したAIの能力を評価する．なぜ，このように訓練データとテストデータに分けるのか，といえば，われわれが汎用性の高いAIを作りたいからである．この汎用性については，**汎化能力**とも呼ばれ，この能力の高いAIの実現が，われわれの目標となっている．汎化能力とは，未知のデータに対して訓練したAIが発揮する能力である．イヌやネコの画像認識AIを例に出せば，訓練データに含まれない，イヌやネコを認識する能力であり，これが高いと汎用性が高いということになる．ところが，訓練データには，ある特定の種類，地域のイヌやネコしか含まれておらず，つまり，特定の種類，地域のみのイヌやネコを学習している可能性がある．このため，1つのデータセットだけで，AIの学習と評価を行ってしまうと，正しい評価が行えないことになる．そのようなことになってしまうと，あるデータセットにはうまく対応できても，ほかのデータセットには対応できないといったことが起きる．あるデータセットにだけ過度に対応した状態を**過学習**と呼び，これを避けることも，AIの分野において重要な課題である．前述の話題と同様，興味のある読者は，ぜひ専門書をひもといてほしい．

第2回目
終了（90分）

参考文献

[1] 松坂 和夫,「集合・位相入門」, 岩波書店 (1968).（特に第1章）.

[2] 志賀 浩二,「集合への30講（数学30講シリーズ）」, 朝倉書店 (1988).

[3] 守屋 悦朗,「離散数学入門（情報系のための数学）」, サイエンス社 (2006)（特に第1章1.1）.

[4] Seymour Lipschutz（著）, 成嶋 弘（翻訳）,「離散数学—コンピュータサイエンスの基礎数学（マグロウヒル大学演習）」, オーム社 (1995)（特に第1章）.

[5] 石村 園子,「やさしく学べる離散数学」, 共立出版 (2007)（特に第1章）.

[6] 小倉 久和,「情報の基礎離散数学—演習を中心とした」, 近代科学社 (1999)（特に第1章）.

[7] 青木利夫, 高橋渉, 平野載倫,「演習・集合位相空間」, 培風館 (1985)（特に第2章）.

[8] 藤岡敦,「手を動かしてまなぶ 集合と位相」, 裳華房 (2020)（特に第1章）.

[9] 牧野和久,「基礎系 数学 離散数学 (東京大学工学教程)」, 丸善出版 (2020)（特に第1章）.

[10] 斎藤 康毅,「ゼロから作る Deep Learning」, オライリージャパン (2016).

[11] Andreas C. Muller, Sarah Guido（著）、中田 秀基（翻訳）「Pythonではじめる機械学習」, オライリージャパン (2017).

[12] 小川雄太郎,「つくりながら学ぶ! PyTorchによる発展ディープラーニング」, マイナビ出版（2019）

[13] 北 研二, 津田 和彦 , 獅々堀 正幹,「情報検索アルゴリズム」, 共立出版 (2002).「ディジタル画像処理」, CG − ARTS 協会 (2006).

[14] 野崎 昭弘,「離散数学「数え上げ理論」—「おみやげの配り方」から「Nクイーン問題」まで（ブルーバックス）」, 講談社 (2008).

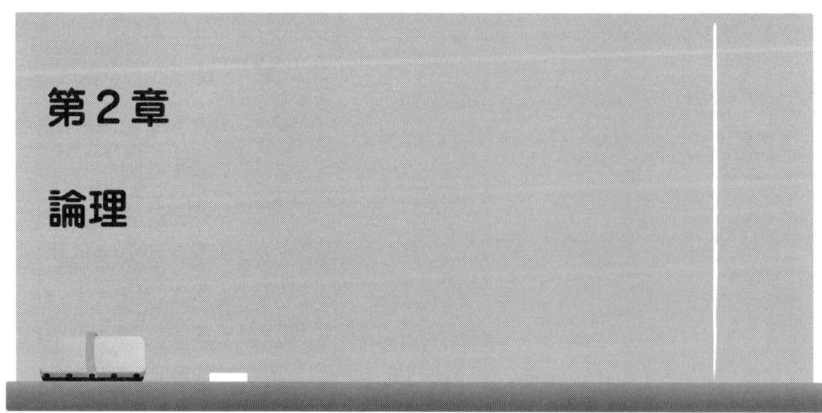

2.1　はじめに

大辞林（第四版）で「論理 (Logic)」の意味を調べると「思考の形式・法則。議論や思考を進める道筋・論法」と書かれている．このように論理という言葉は，厳格でとっつきにくそうであるが，実のところ，最も日常的で身近な数学の1つでもある．また，論理（的思考）をしっかりと身につけている人は，世の中のいろいろなところで高い評価を得ている場合が多い．例えば，様々な事象・状況を整理しわかりやすい説明ができる人であったり，聴衆のニーズを的確にとらえた魅力的なプレゼンテーションができる人であったり，説得力があり主張の通った企画書が書ける人は，いずれも論理的思考がしっかりした人たちである．情報技術の分野においても，論理は身につけるべき能力の1つであり，きちんと動くシステムやプログラムは，この論理的思考によって構築されると言ってもよい．

本章を通して，この論理（的思考）を，嫌悪の対象としてとらえるのではなく，これからの世の中を生きぬいてゆくための，最も使い勝手のよい，そして最も強力な武器にしてほしい．（図 2.1）

2.2　命題とその表現

命題をできるだけわかりやすい言葉で定義すると以下のようになる．

図 2.1　論理は一生の友達

命題の定義

命題とは，**真**（正しい）であるか，**偽**（正しくないか）であるかが，はっきりと定まる文章のことである．そして論理における最も基本的な構成単位である．

命題における真偽を**真理値**と呼び，真の場合を「T（Ture の頭文字）」，偽の場合を「F（False の頭文字）」で表す．命題は必ず真か偽か，いずれか一方に決まる主張のことであり，その両方になること，またどちらかに決まらない，ことはない．

複合命題

いくつかの命題が結合したものを**複合命題**と呼ぶ．

以下，命題と複合命題，そして命題ではないもの，に関する例をいくつか挙げる．

▌例▐

- 「ペンギンは動物である」は命題である．誰が真偽を判定しても「真」と判定されるため．
- 「ペンギンはかしこい」は命題ではない．人によって真偽が異なるため（ペンギンが好きな人にとっては「真」になり，そうでない人にとっては「偽」になる傾向にあるため）．

- 「どこに行く予定ですか？」は命題ではない．真偽が定まらないため．
- 「彼女の職業はアイドルであり，学生でもある」は．「彼女の職業はアイドルである」と「彼女の職業は学生である」の複合命題である．

何か物事を決定するプログラムを書こうとするときには，命題に基づき記述する．例えば，エアコンの温度を調節するプログラムを書こうとすれば，「気温が26度以上である」という命題をまず設定し，これが正しい場合にスイッチON，正しくない場合にスイッチOFFする，という構造にするだろう．さらに複雑な動作をさせたい場合に複合命題を利用する．例えば，「気温が26度以上であり，かつ湿度が80%以上」などである．

命題・複合命題の表現

命題をp,q,rの英小文字を使って表し，その中身を

$p=$ ペンギンは動物である，

$q=$ 彼女の職業はアイドルである

と書くことにする．

命題pが真のときは$p=T$，命題qが偽のときは$q=F$のように真理値との対応をつける．命題$p,q,r,\ldots$の複合命題を英大文字を使って，$P(p,q,r,\ldots)$，$Q(p,q,r,\ldots)$で表し，複合命題$P(p,q,r,\ldots)$が真のときは，$P(p,q,r,\ldots)=T$と対応をつける．

2.3　論理演算

集合に対する演算と同様に，命題に対する演算として**論理演算**を定める．この演算により，複雑な論理構造を簡約化したり，見通しをよくしたりすることができる．

命題pとqの2つの文に対して，$p\vee q$をpとqの**論理和**，**or 演算**，あるいは**選言**という．また，$p\wedge q$をpとqの**論理積**，**and 演算**，あるいは**連言**という．また命題pについてp'をpの**否定**，**not p**，あるいは**論理否定**，という．これらは，表2.1のような真理値を持つ．これら論理演算の記号と命題によって構成される一連の式を，論理式と呼ぶ．

表 2.1 論理和，論理積，否定の真理表

p	q	$p \vee q$	$p \wedge q$	p'	$(p \vee q)'$	$(p \wedge q)'$
T	T	T	T	F	F	F
T	F	T	F	F	F	T
F	T	T	F	T	F	T
F	F	F	F	T	T	T

複合命題が，それを構成している命題の真偽にかかわらず常に真であるとき，**恒真命題**あるいはトートロジーという．また常に偽であるとき，**矛盾命題**あるいはコントラディクションという．複合命題 $P(p,q,r,\ldots)$，$Q(p,q,r,\ldots)$ の真偽が一致するとき，**同値**であるといい

$$P(p,q,r,\ldots) = Q(p,q,r,\ldots), \tag{2.1}$$

で表す．

例題 2-1

次の複合命題について，真理表を作成せよ．

(a) $p' \wedge q$　　(b) $(p \wedge q)'$　　(c) $p' \wedge q'$

（問題の趣旨：真理表の構成の理解）

解答

p と q のそれぞれが，(a)〜(c) の T と F をとることができるので，それぞれの組合せを考えると 4 種類となり，真理表はそれぞれ以下のようになる．

p	q	(a) $p' \wedge q$	(b) $(p \wedge q)'$	(c) $p' \wedge q'$
T	T	F	F	F
T	F	F	T	F
F	T	T	T	F
F	F	F	T	T

■

例題 2-2

次の命題は恒真命題か，あるいは矛盾命題か，どちらでもないか調べよ．

(a) $p \wedge p'$　　(b) $(p \wedge q')'$　　(c) $(p \vee q)' \vee (p \vee q)$

（問題の趣旨：真理表の構成および恒真命題と矛盾命題の理解）

解答　それぞれの真理表を求めると以下のようになる．

p	q	(a) $p' \wedge p$	(b) $(p \wedge q')'$	(c) $(p \vee q)' \vee (p \vee q)$
T	T	F	T	T
T	F	F	F	T
F	T	F	T	T
F	F	F	T	T

したがって，(a) 矛盾命題，(b) どちらでもない，(c) 恒真命題，である．■

第３回目
30分経過

2.4　論理演算に関する性質

論理演算 $\vee$，$\wedge$，$'$ について，以下の性質が成立する．

論理演算に関する性質

(1) **べき等律**　$p \vee p = p,\quad p \wedge p = p.$

(2) **交換律**　$p \vee q = q \vee p,\quad p \wedge q = q \wedge p.$

(3) **結合律**　$(p \vee q) \vee r = p \vee (q \vee r),$

$(p \wedge q) \wedge r = p \wedge (q \wedge r).$

(4) **分配律**　$p \vee (q \wedge r) = (p \vee q) \wedge (p \vee r),$

$p \wedge (q \vee r) = (p \wedge q) \vee (p \wedge r).$

(5) **ド・モルガンの法則**　$(p \vee q)' = (p') \wedge (q'),$

$(p \wedge q)' = (p') \vee (q').$

(6) **補元律**　$p \vee p' = T,\quad p \wedge p' = F.$

$T' = F,\quad F' = T.$

(7) **対合律**　$(p')' = p$.

(8) **同一律**　$p \vee F = p, \quad p \wedge T = p$.

$p \vee T = T, \quad p \wedge F = F$.

これらの性質は，前章の集合に関する演算と強く関連しており（図 2.2），実際，次のような対応がある．

集合論	論理
集合	命題
和集合	論理和
積集合	論理積
部分集合	条件命題（後述）
等しい	同値
ベン図	真理表
補集合	否定

図 2.2　集合と論理は親友

例題 2-3

以下の分配律が成立することを真理表を用いて確かめよ．

$$p \vee (q \wedge r) = (p \vee q) \wedge (p \vee r)$$

（問題の趣旨：真理表による論理演算の性質の確認）

解答　真理表より，$p \vee (q \wedge r)$ と $(p \vee q) \wedge (p \vee r)$ のそれぞれの真偽が一致している（網かけの部分）ので，同値である．

p	q	r	$q \wedge r$	$p \vee (q \wedge r)$	$p \vee q$	$p \vee r$	$(p \vee q) \wedge (p \vee r)$
T	T	T	T	T	T	T	T
T	T	F	T	T	T	T	T
T	F	T	F	T	T	T	T
T	F	F	F	T	T	T	T
F	T	T	T	T	T	T	T
F	T	F	F	F	T	F	F
F	F	T	F	F	F	T	F
F	F	F	F	F	F	F	F

■

例題 2-4

(1) 論理演算の各性質を用いて，次の命題をできるだけ簡単にせよ．

(a) $p \vee (p \wedge q)$　　(b) $(p \vee q)' \vee (p' \wedge q)$

（問題の趣旨：論理演算の性質を利用した命題の簡単化）

解答

(a) $p \vee (p \wedge q) = (p \wedge T) \vee (p \wedge q) = p \wedge (T \vee q) = p \wedge T = p$ （同一律，分配律，同一律，同一律の順で適用）．

(b) $(p \vee q)' \vee (p' \wedge q) = (p' \wedge q') \vee (p' \wedge q) = p' \wedge (q' \vee q) = p' \wedge T = p'$ （ド・モルガンの法則，分配律，補元律，同一律の順で適用）．■

2.5　条件命題

プログラムにおいては「もし○○○○の条件を満たすならば．△△△△をする」という形の指示が数多く使われる．日常生活においても，例えば「もし，明日の天気が雨ならば，私たちは運動会を中止する」などのような形で使っている．このような条件の入った命題の真偽のふるまいはどのようなものであるか，考えてみることにする．

まず，この形の命題は2つの命題から構成されている．例の文章でいえば，「明日の天気は雨である」と「私たちは運動会を中止する」である．そしてこのような命題は，2つの命題p, qを「もしpならばqである」という形にまとめた構造をしている．このような命題を**条件命題**と呼ぶ．以下，詳細な定義を示す．

条件命題

命題pとqに対して，表2.2の真理表で与えられる命題$p \to q$を**条件命題**，**条件付き命題**，**含意**といい，「pならばq」と読む．ここでpを条件，qを結論という．

表2.2 条件命題の真理表

p	q	$p \to q$
T	T	T
T	F	F
F	T	T
F	F	T

条件命題と対応する真理表についての詳細な解説を，ロボットを例に解説する．

例 ある技術者がロボットに挨拶をさせるプログラムを組み込んでいる場面を考える．この技術者が「時刻が8:00になったら『おはよう』と挨拶するロボットを作った」と発言したとして，この発言がウソであるかどうかを考える（図2.3）．

図2.3 朝8時に挨拶するロボットを作っている学者

pを「時刻が8:00である」と，qを「『おはよう』と挨拶する」とすると，技

図 2.4　各状況でのロボットのふるまいと条件命題の真偽

術者の発言は，条件命題 $p \to q$ は，「時刻が 8:00 である」ならば「『おはよう』と挨拶する」に対応することになる．ここで，$p \to q$ が「真」であれば，技術者の発言はウソではない．そうでなければ，「偽」であり，技術者の発言はウソということになる．

この判定を行うため，命題 p と q の真偽の組合せを考える．組合せは全部で 4 つあり，それぞれ (1) $p = T, q = T$, (2) $p = T, q = F$, (3) $p = F, q = T$, (4) $p = F, q = F$, となる．

まず，(1) $p = T, q = T$, の場合．「時刻が 8:00」であり「『おはよう』と挨拶する」となるので，ロボットが技術者の言ったとおりの基準を満たしている．よって，技術者はウソつきではない（図 2.4 ①）．

(2) $p = T, q = F$, の場合．「時刻が 8:00」であるにもかかわらず「『おはよう』と挨拶しない」となるので，基準を満たさない．よって技術者はウソを言っていることになる（図 2.4 ②）．

(3)，(4) の場合について考えてみる（図 2.4 ③と④）．このときは，$p = F$ だから「時刻が8:00でない」ということになる．さて，この場合にロボットがどのような行動をとれば，「技術者はウソを言った」ことになるのだろうか．技術者は「時刻が8:00である場合には『おはよう』と挨拶をする」と言った．しかし「時刻が8:00でない」場合のロボットのふるまいについては何も述べていない．ということは「時刻が8:00でない」場合には，ロボットが「『おはよう』と挨拶」をしてもしなくても，あるいはほかの行動をしてもしなくても，「技術者はウソを言った」ことにならないのである！すなわち(3)，(4)の場合，命題は両方とも真になる．

以上のように，pとqの真偽のふるまいによって，$p \to q$の真理表が表2.2のように定まる．一般の離散数学に関連する本では，この条件命題の詳細な説明が省略され，「条件命題の真理表はこうである！」と単に与えられる場合が多い．本書では，なぜこのような真理表になるのかを理解してもらうため，挨拶ロボットを例にわかりやすく説明を行った．

次に，条件命題に関する性質を述べる．

第3回目
60分経過

条件命題に関する性質

条件命題について以下が成立する．

$$p \to q = p' \vee q,$$

$$(p \to q)' = p \wedge q'.$$

これらの性能を使うことで，条件命題を含んだ複雑な命題を簡単な形に変換することもできるので覚えておいてほしい．

また，条件命題における**順**，**逆**，**裏**，**対偶命題**を紹介する．

表2.3 順，逆，裏，対偶の表現

$p \to q$	順命題
$q \to p$	逆命題
$p' \to q'$	裏命題
$q' \to p'$	対偶命題

表2.4 順，逆，裏，対偶の真理表

p	q	$p \to q$	$q \to p$	$p' \to q'$	$q' \to p'$
T	T	T	T	T	T
T	F	F	T	T	F
F	T	T	F	F	T
F	F	T	T	T	T

順，逆，裏，対偶の真理表を表2.3と2.4に示す．このように順と対偶命題の真偽は一致しているので同値であり，また逆と裏の真偽も一致しているので同値となる．例えば，pを「明日の天気は雨である」，qを「私たちは運動会を中止する」とすれば，順，逆，裏，対偶は，図2.5となる．この図のような順，逆，裏，対偶命題の関係が便利なのは，例えば，ある順命題の証明が困難であるが，その対偶命題の証明が簡単にできたとする．図より，順命題と対偶命題は同値なので，その対偶命題が証明できたことが，すなわち，順命題を証明したことになるのである．つまり，証明を簡単にするための視点変更の1つの手段として，順，逆，裏，対偶を考えることは非常に有効である．また，証明以外，日常生活においてもこれらを活用した事例を多く目にすることができる．例えば，あるテレビ局が

「楽しくなければ，テレビじゃない」

といったスローガンを出していたことがある．このスローガンは，

「テレビならば楽しい」

の対偶表現をとったものである．

順命題の表現に比べて，対偶命題の方がわれわれはハッとするし，また説得力をもって迫ってくるように感じないだろうか？ 読者の皆さんも，ぜひ身の回りにあるこれらの表現を見つけて味わってみたり，また，自身でもこれらの言い換えを使ってみると楽しい日常生活になるに違いない．

例題 2-5

次の複合命題の真理表を作成せよ．

(1) $(p \to q) \to (p \land q)$　　(2) $p' \to (q \to p)$

（問題の趣旨：条件命題の真理表構成）

解答

(1) $(p \to q) \to (p \land q)$ の真理表は以下のようになる．

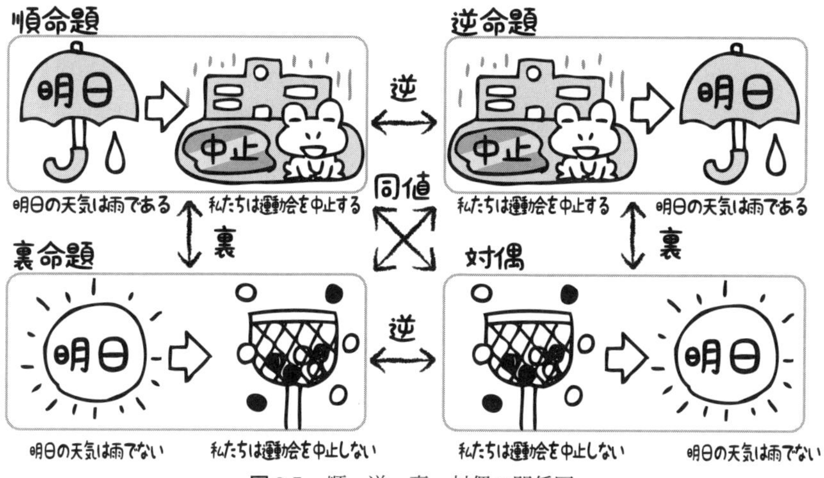

図 2.5　順，逆，裏，対偶の関係図

p	q	$p \to q$	$p \wedge q$	$(p \to q) \to (p \wedge q)$
T	T	T	T	T
T	F	F	F	T
F	T	T	F	F
F	F	T	F	F

(2) $p' \to (q \to p)$ の真理表は以下のようになる．

p	q	p'	$q \to p$	$p' \to (q \to p)$
T	T	F	T	T
T	F	F	T	T
F	T	T	F	F
F	F	T	T	T

■

例題 2-6

$(p' \to q') \to ((p' \to q) \to p)$ が恒真命題であることを真理表を用いて示せ．

（問題の趣旨：条件命題の真理表構成）

解答

真理表は以下のようになり，網かけの部分から恒真命題であることが示される．

p	q	$(p'$	$\to$	$q')$	$\to$	$((p'$	$\to$	$q)$	$\to$	$p)$
T	T	F	T	F	T		T		T	
T	F	F	T	T	T		T		T	
F	T	T	F	F	T		T		F	
F	F	T	T	T	T		F		T	

■

例題 2-7

次の条件命題の対偶を求めよ．

(1) 太郎は大学教授である，ならば，太郎は貧乏である．

(2) 花子は勉強したときのみ，花子は試験に合格する．

（問題の趣旨：条件命題と対偶）

解答

(1) 太郎は貧乏ではない，ならば，太郎は大学教授ではない．

(2) 花子が試験に合格しない，ならば，花子は勉強していない．■

2.6　命題関数

今までは命題をp, qなどの記号で示し，それ自体がTまたはFの値をとる変数のように考えてきた．つまり命題そのものは，具体的な文章として書き下したものであり，真偽が必ず定まるものと考えてきた．例えば，「イヌは動物である」,「1は2より大きい」,「コンピュータは植物である」,「$\sqrt{2}$は無理数である」，などである．

ところで，これらの主張はいずれも「△△は○○である」という形をしている．そこで今度は前述の主張において主語の△△の部分をxという変数に置き換えてみる．つまり「xは動物である」,「xは2より大きい」,「xは植物である」,「xは無理数である」など．

これらの主張は，もちろんxに具体的なものが入らない限り，真偽が定まらないから命題ではない．しかし，例えば「xは動物である」という主張は，xに「イヌ」，「ネコ」，「ヒマワリ」，「コンピュータ」など具体的なものを代入すると真偽が定まり，命題となる．数学における命題は，特定の1つのモノ（数なり図形なり）について述べるよりも，むしろもっと一般的な形で，ある種の集合に属する要素に関する性質として述べられることが多い．命題をこのような形式にすることで一般的な形を扱うことができるようになるのである．これを**命題関数**という．例えば，「xは整数の比として表される」といった形である．この主張は，xが「有理数」であれば真だが，「無理数」なら偽である．xが「三角形」でも偽である．

以下に命題を一般化した命題関数の定義を示す．

命題関数

変数にある特定の要素を代入すると真偽が決まる主張を**命題関数**，または**述語**という．命題関数を構成する変数を命題変数という．

例 「xは動物である」という主張は，xに「イヌ」，「ネコ」，「ヒマワリ」，「コンピュータ」などを代入すると真偽が決定され，命題となる．命題関数はxを変数として$p(x)$などで表す．例えば

$$p(x) = x\text{は動物である},$$

とすれば，p（イヌ）$= T$，p（ネコ）$= T$，p（ヒマワリ）$= F$，p（コンピュータ）$= F$となる．

例題 2-8

自然数の集合において，以下の命題関数が真になる部分集合を求めよ．

(1) $x + 1 > 4$ (2) $x + 10 < 4$ (3) $x + 5 > 4$

（問題の趣旨：命題関数の理解）

解答

(1) $\{4, 5, 6, \ldots\}$ (2) $\emptyset$ (3) 自然数の集合全体．■

第3回目
終了（90分）

2.7 推論

第4回目
開始（0分）

推論とは,「ある事実をもとにして，未知の事柄をおしはかり論じること（大辞林 第四版）」であり，身近な例としては，三段論法などが挙げられる．一般的な推論規則は $P, Q, \ldots, R \Rightarrow S$ の形をしており，ここで $P, Q, \ldots, R, S$ はそれぞれ，いくつかの命題から構成される論理式である．ここで「,」を「$\wedge$」で置き換え,「$\Rightarrow$」を「$\rightarrow$」で置き換えると，推論規則は $P \wedge Q \wedge \cdots \wedge R \rightarrow S$ という論理式になる．もとの推論規則が妥当（すなわち前件部がすべて真なら結論も真になる）なら，このような変形で得られた論理式はトートロジー（恒真命題）であり，逆にこの論理式がトートロジーなら，もとの推論規則は妥当である．本来，よく利用される推論規則はこのようなトートロジーから得られるものである．

しかしながら推論規則自体は論理式ではない．推論規則とは，ある論理式の組から別の論理式を導き出すための規則であり，常に妥当でなければならない．以上のことをまとめ，推論規則について定義すると以下のようになる．

推論規則

$P(p, q, r, \ldots)$，$Q(p, q, r, \ldots)$ において，P が真であるような命題変数 $p, q, r, \ldots$ の真理値に対して常に Q が真となるとき，P から Q は推論される，あるいは演繹されるといい，$P \Rightarrow Q$ で表す．

トートロジーから推論規則を導出する例として，論証 (1) で引き合いに出している推論規則 $p, p \rightarrow q \Rightarrow q$ について考えてみよう．これは，命題 q が正しいことを証明するために,「すでに正しいことがわかっている命題 p」を準備し，さらに「$p \rightarrow q$」が成立することを示すことで証明を行う方法である．

論証 (1)

ある命題 p と，条件命題 $p \rightarrow q$ が正しいとき，命題 q は正しいことが示される．すなわち

$$p, p \rightarrow q \Rightarrow q, \tag{2.2}$$

が成立する．

表 2.5　条件命題の真理表（再）

p	q	$p \to q$
T	T	T
T	F	F
F	T	T
F	F	T

表 2.6　推論規則を見いだすために並べ替えたもの

p	$p \to q$	q
T	T	T
T	F	F
F	T	T
F	T	F

まず表 2.5 に条件命題の真理表を示す．これを推論規則を見いだすため並べ替えたものを表 2.6 に示す．表 2.6 を見ると，p と $p \to q$ がともに真である場合には，q も「必然的に」真でしかありえない，ということが言える．この事実ゆえに p と $p \to q$ が真ならば q が真であることが「推論」できるのである．すなわち推論規則 $p, p \to q \Rightarrow q$ は妥当なのである．表 2.6 は，左二列の論理式 $p, p \to q$ を前提部，右列の論理式 q を結論部とすれば，この推論規則 $p, p \to q \Rightarrow q$ の「真理値表」になるが，これはもはや恒真ではないことに注意しよう．もちろん，前件部を $\land$ でつなぎ「⇒」を「→」に読みかえて通常の論理式とみなして真理値表を作ってみれば，これはトートロジーになっていることがわかる．つまり正しい「推論規則」は，記号を形式的に置き換えた「論理式」としても正しいのである．推論規則とは，論理式で表される命題の集合から正しい命題を導き出すための手続きであり，真理値表をいちいち作らなくても自動的に取り出せるように，よく使う便利なものをまとめたものと考えてもいい（図 2.6）．

図 2.6　推論規則は便利

数理論理学などでは，推論規則が天下り的に（公理として）与えられることが多い．しかし，記号の機械的な置き換えによる論理式がトートロジーであることを確認するなり，もしくは各命題の組に対する真理値表を作って，推論規則に前件に相当する部分がすべて真ならば結論に相当する部分もすべて真であることを確認するなりの方法で，推論規則の妥当性を確認することができる．

論証 (2)

$$p \to q, q \to r \Rightarrow p \to r, \tag{2.3}$$

が成立する．

例題 2-9

論証 (2) が成立することを真理表を使って確認せよ．

（問題の趣旨：推論規則とそれに対応する論理式のトートロジーの確認）

解答

本文中に説明があったように「,」を「∧」,「⇒」を「→」に置き換えると以下の真理表が得られる．この表よりトートロジーであることが確認できる．

p	q	r	$p \to q$	$q \to r$	$p \to r$	$[(p \to q) \land (q \to r)] \to (p \to r)$
T	T	T	T	T	T	T
T	T	F	T	F	F	T
T	F	T	F	T	T	T
T	F	F	F	T	F	T
F	T	T	T	T	T	T
F	T	F	T	F	T	T
F	F	T	T	T	T	T
F	F	F	T	T	T	T

■

例題 2-10

次の推論が成立することを示せ.

$$p \Rightarrow p \vee q$$

(問題の趣旨：推論規則とそれに対応する推論式のトートロジーの確認)

解答

真理表を書くと以下のようになる.

p	q	$p \vee q$	$p \to p \vee q$
T	T	T	T
T	F	T	T
F	T	T	T
F	F	F	T

ここで, $p \to p \vee q$ はトートロジーであるので, 推論規則であると言える. ■

例題 2-11

以下の推論の妥当性を真理表を使って検証せよ.

(1) $p \to q, p' \Rightarrow q'$

(2) $p \to q, p' \Rightarrow p'$

(3) $p \to q', r \to q, r \Rightarrow p'$

(問題の趣旨：推論規則とそれに対応する推論式のトートロジーの確認)

解答

例題 2-9, 2-10 と同様に真理表を求めると以下のようになる.

p	q	(1) $p \to q, p' \to q'$	(2) $p \to q, p' \to p'$
T	T	T	T
T	F	T	T
F	T	F	T
F	F	T	T

(3)

p	q	r	$p \to q'$	$r \to q$	p'	$[p \to q'] \wedge [r \to q] \wedge r \to P'$
T	T	T	F	T	F	T
T	T	F	F	T	F	T
T	F	T	T	F	F	T
T	F	F	T	T	F	T
F	T	T	T	T	T	T
F	T	F	T	T	T	T
F	F	T	T	F	T	T
F	F	F	T	T	T	T

これより，(1) はトートロジーではなく，(2) はトートロジーとなる．また，(3) についてもトートロジーとなる．■

例題 2-12

以下の推論が成立することを確認せよ．

- 山田あるいは延原が犯人だ
- 山田が犯人なら延原も犯人だ
- ゆえに，延原は犯人だ

ヒント：山田が犯人であるを命題 p，延原が犯人であるを命題 q に対応させて，推論が成立するかどうかを確認すればよい．

（問題の趣旨：推論の理解）

解答

$$p = \text{山田が犯人である}$$

$$q = \text{延原が犯人である}$$

とすれば,

$$p \vee q, p \to q \Rightarrow q,$$

が成立することを確認すればよい．これに関する真理表を考えると,

p	q	$p \vee q$	$p \to q$	$(p \vee q) \wedge (p \to q)$	$(p \vee q) \wedge (p \to q) \to q$
T	T	T	T	T	T
T	F	T	F	F	T
F	T	T	T	T	T
F	F	F	T	F	T

となり，推論が成立していることが確認できる．■

2.8　必要条件と十分条件

必要条件と十分条件については，すでに学んでいる読者も多いと思う．一方で，これらの考え方が，推論という枠組みを学んではじめて登場するものであることを知らない読者も多いと思う．以下，推論と関連づけて必要条件，十分条件および必要十分条件についての定義を示す．

必要条件と十分条件

推論 $P \Rightarrow Q$ において，P は Q の**十分条件**，Q は P の**必要条件**という．さらに，$P \Rightarrow Q$，$Q \Rightarrow P$ のとき，P は Q の必要十分条件（Q は P の**必要十分条件**）といい，P と Q は同値であるという．

この必要条件，十分条件については，あまり意識しないかもしれないが交渉時において頻繁に発生している．例えば，大学の入学が決まったあとに，大学の近くの物件を探す際の，不動産屋との交渉などである．ここでは，お客か

図 2.7　交渉では必要十分条件を見つけるのが重要

ら，「安いのが重要（=必要条件）」とか「娘は一人暮らしがはじめてなので，安全な物件が絶対必要（=必要条件）」などが提示されることになる．不動産屋側としては，相手側の必要条件を満たすような物件を提案することも重要であるが，契約することを最終目標とするならば，相手がすぐに満足するような十分条件が何であるかを見極めて交渉することも重要になる．客側の十分条件としては，「とても素晴らしい物件を，安い賃料で」というのが理想的であるが，そのような物件は世の中にほとんど存在しない．よって，客にとって何が必要十分条件となるのかをいち早く見つけられるのが重要になってくる．

例題 2-13

(1) $x = 1$ は $x^2 = 1$ であるための何条件？

(2) 正方形は長方形であるための何条件？

(3) 台形は平行四辺形であるための何条件？

(4) $\theta = \pi$ は $\sin\theta = 0$ であるための何条件？

（問題の趣旨：必要条件と十分条件の理解）

解答

(1) P を「$x = 1$」，Q を「$x^2 = 1$」とすれば，$P \Rightarrow Q$ が成立するので十分条件となる．一方，Q を「$x = 1$」，P を「$x^2 = 1$」とすれば，$P \Rightarrow Q$ は成立しない．

例えば$x = -1$のときなど.

(2) Pを「xは正方形である」, Qを「xは長方形である」とすれば$P \Rightarrow Q$が成立するので, 十分条件. 一方, 長方形は必ず正方形になるとは限らないので, Qを「xは正方形である」, Pを「xは長方形である」とした場合$P \Rightarrow Q$は成立しない.

(3) Pを「xは台形である」, Qを「xは平行四辺形である」とすれば$P \Rightarrow Q$は成立しない. 逆にPを「xの平行四辺形である」とし, Qを「xは台形である」とすれば, $P \Rightarrow Q$は成立する, よって必要条件となる.

(4) Pを「$\theta = \pi$である」, Qを「$\sin\theta = 0$である」とすれば, $P \Rightarrow Q$が成立するので十分条件となる. 一方, Qを「$\theta = \pi$である」, Pを「$\sin\theta = 0$である」とすれば, $P \Rightarrow Q$は成立しない. 例えば$\theta = 0$のときなど. ■

2.9 全称記号と存在記号

「xは整数の比として表される」という命題関数を例にとる. この命題関数は, xが「有理数」であれば真だが,「無理数」なら偽である. では, xが「実数」ならどうだろうか. この場合はもちろん真とは言えない. なぜなら実数には無理数も含まれ, 無理数に対してはこの命題関数は常に偽だからである. したがって,「実数は整数の比として表される」という命題は偽である. しかし,「『実数は整数の比として表される』という命題は偽である」という結論は正しいのだが, われわれはそう言い切ることにすっきりしないものを感じる. なぜなら, この結論が正しければ, 直感的にはもとの命題の否定「実数は整数の比として表されることはない」という命題が正しいことになるはずだが, これまたそうはならない. 実数には有理数も含まれ, xが有理数なら「xは整数の比として表される」は真になるからである. この矛盾の原因は, xとして単独のモノではなく「実数」,「有理数」,「無理数」などといった「集合」を考えているためである. 実際のところ,「実数は整数の比として表される」という命題を, 暗黙のうちに「“すべての”実数は整数の比として表される」という意味で理解している. そこで,「“ある”実数は整数の比として表される」という命題を考えてみよう. これは正しい命題である.「“ある”実数」として有理数を考えれば命題は正しいからである．このように，ある集合の一部の要素がある命題を満たす，ということを記述できる形式は有用である．この記述形式として全称記号と存在記号を紹介する．

記号 $\forall$ は**全称記号**と呼ばれ，英語の「all（すべての）」,「any（任意の）」の頭文字を記号化したものである．例えば,

$$\forall x \in \mathbb{Z},\ x \in \mathbb{R},$$

という表記も，われわれの言葉で解釈すると「整数の集合 $\mathbb{Z}$ に属する**すべて**の要素 x は実数の集合 $\mathbb{R}$ に属する」となる．

記号 $\exists$ は**存在記号**と呼ばれ，英語の「exist（存在する）」の頭文字を記号化したものである．例えば,

$$\exists x \in \mathbb{Q},\ x \in \mathbb{Z},$$

という表記は，われわれの言葉で解釈すると「有理数の集合 $\mathbb{Q}$ には整数の集合 $\mathbb{Z}$ に属する要素 x が**存在する**」となる．全称記号 $\forall$ および存在記号 $\exists$ をあわせて**限定記号**と呼ぶ．以下，この限定記号を用いた命題の定義を示す．

限定命題

命題関数 $p(x)$ に対して，$\forall x\ p(x)$ は，すべての x に対して $p(x)$ が成り立つような命題であり**全称命題**と呼ぶ．$\exists x\ p(x)$ は，$p(x)$ が成り立つような x が存在するという命題であり**存在命題**と呼ぶ．これらの総称を**限定命題**と呼ぶ．

限定記号を使うことで，離散数学で登場する様々な定義を表現することができるようになる．その意味で，限定記号は離散数学においては，欠かすことのできない道具の1つと言える．例えば，すでに読者が学んだ部分集合について，全称記号を用いると

$$A \subset B \quad \Leftrightarrow \quad (\forall x \in A \Rightarrow x \in B),$$

のように表現することもできる．

さて，これまでは命題に対して1つの限定記号を用いる場合を考えてきたが，ある1つの命題において複数の限定記号を用いることもできる．以下，限定記号の∀および∃が同時に用いられる場合について解説する．

例えば，次の限定命題を考えてみよう．

▮例▮

$$\forall x \in \mathbb{Z},\ \exists y \in \mathbb{Z},\ x + y = 1.$$

このように，$x + y = 1$という命題の前に，全称記号と存在記号がある場合，内側から順に括弧でくくってゆくと，解釈しやすい．具体的には，

$$\forall x \in \mathbb{Z}\ (\exists y \in \mathbb{Z}\ (x + y = 1)),$$

のように，括弧でくくることになる．これは，「$x + y = 1$について，（整数の集合）$\mathbb{Z}$の**ある**yを考えたとき，（整数の集合）$\mathbb{Z}$の**どんな**xに関しても，$x+y = 1$が成立する」という解釈になる．この限定命題の真偽の詳細な検討は，後ほど行うが，結論として，この限定命題は真となる．

では，次の限定命題を考えてみよう．

▮例▮

$$\exists x \in \mathbb{R},\ \forall y \in \mathbb{R},\ xy = y.$$

この命題は，括弧を使って

$$\exists x \in \mathbb{R}\ (\forall y \in \mathbb{R}\ (xy = y)),$$

とくくることができ，この解釈は「（実数の集合）$\mathbb{R}$の**どんな**yに対しても，$xy = y$となるような**ある**xが（実数の集合）$\mathbb{R}$に**存在する**」という解釈になる．この限定命題も真であり，$x = 1$とすれば，どんなyに対しても，$xy = 1y = y$となる．

それでは，いくつかの例題を通して，理解を深めてみよう．

例題 2-14

以下の命題の真偽を判定せよ．

(a) $\forall x \in \mathbb{R}\ (x^2 = x)$　　(b) $\exists x \in \mathbb{R}\ (2x = x)$

(c) $\forall x \in \mathbb{R}\ (x - 3 < x)$　　(d) $\exists x \in \mathbb{R}\ (x^2 - 2x + 5 = 0)$

（問題の趣旨：限定命題の理解）

解答

(a) 偽．例えば $x = 2$ のときに成立しない．

(b) 真．$x = 0 \in \mathbb{R}$.

(c) 真．

(d) 偽．虚数解のため．■

例題 2-15

$A = \{1, 2, 3\}$ とする．以下の命題の真偽を判定せよ．

(a) $\exists x \in A,\ \forall y \in A,\ x^2 < y + 1$

(b) $\forall x \in A,\ \exists y \in A,\ x^2 + y^2 < 12$

(c) $\forall x \in A,\ \forall y \in A,\ x^2 + y^2 < 12$

（問題の趣旨：限定命題の理解）

解答

(a) $x = 1$ とすれば，$y = 1, 2, 3$ に対して成立するので，真．

(b) $x = 1, 2, 3$ の，どの場合でも，$y = 1$ に対して成立するので，真．

(c) $x = 2, y = 3$ の場合に成立しないので，偽．■

例題 2-16

$\mathbb{Z}$ を整数の集合，$A = \{1, 2, \ldots, 9, 10\}$ とする．以下の限定命題の真偽を判定せよ．

(1) $\forall x \in \mathbb{Z},\ \forall y \in \mathbb{Z},\ x + y = 1$　　(2) $\forall y \in \mathbb{Z},\ \forall x \in \mathbb{Z},\ x < y$

(3) $\exists x \in \mathbb{Z},\ \exists y \in \mathbb{Z},\ x < y$　　(4) $\exists y \in \mathbb{Z},\ \exists x \in \mathbb{Z},\ x + y = 1$

(5) $\forall x \in A,\ \exists y \in A,\ x+y<14$ (6) $\forall x \in A,\ \forall y \in A,\ x+y<14$

（問題の趣旨：限定命題の理解）

解答

それぞれの真（∘）と偽（×）を判定すると以下のようになる．

問題番号	(1)	(2)	(3)	(4)	(5)	(6)
解答	×	×	∘	∘	∘	×

(1) 例えば $x=1$，$y=1$ のとき成立しない．

(2) 例えば $y=1$，$x=1$ のとき成立しない．

(3) 例えば $x=1$，$y=2$ のとき成立する．

(4) 例えば $x=1$，$y=0$ のとき成立する．

(5) x として $\{1,2,\cdots,9,10\}$ のどれかを選んだとしても y として例えば 1 を選ぶと成立する．

(6) 例えば $x=10$，$y=10$ のとき成立しない． ■

さて，ここで限定命題における限定記号の順番について考えてみよう．例えば，次の 2 つの限定命題を挙げるが，これらの限定命題は，$x+y=1$ の部分は同じで，限定記号の順番が入れ替わっているだけである．この順番の入れ替えが，どのような解釈の違いになるのかを詳細に検討しよう．

$$\forall x \in \mathbb{Z},\ \exists y \in \mathbb{Z},\ x+y=1. \tag{2.4}$$

$$\exists y \in \mathbb{Z},\ \forall x \in \mathbb{Z},\ x+y=1. \tag{2.5}$$

まず，式 (2.4) については，括弧を使って

$$= \forall x \in \mathbb{Z}\,(\exists y \in \mathbb{Z}\ (x+y=1)),$$

とすることができる．ここから，まず内側の括弧の解釈を展開すると，

$$= \forall x \in \mathbb{Z}\,\{\ldots \vee (x-1=1) \vee (x+0=1) \vee (x+1=1) \vee \ldots\},$$

となる．ここで $(x-1=1)$ の項は $y=-1$，$(x+0=1)$ の項は $y=0$，$(x+1=1)$ の項は $y=1$ を代入した場合に，それぞれ対応する．ここで，さらに括弧を展開すると，

$$\begin{aligned} &= \ldots \wedge \{\ldots \vee (0-1=1) \vee (0+0=1) \vee (0+1=1) \vee \ldots\} \\ &\quad \wedge \{\ldots \vee (1-1=1) \vee (1+0=1) \vee (1+1=1) \vee \ldots\} \\ &\quad \wedge \{\ldots \vee (2-1=1) \vee (2+0=1) \vee (2+1=1) \vee \ldots\} \wedge \ldots, \end{aligned}$$

となる．ここで，

$$\{\ldots \vee (0-1=1) \vee (0+0=1) \vee (0+1=1) \vee \ldots\},$$

は，$x=0$ を代入したものに対応し，

$$\{\ldots \vee (1-1=1) \vee (1+0=1) \vee (1+1=1) \vee \ldots\},$$

は，$x=1$ を代入したものに対応し，

$$\{\ldots \vee (2-1=1) \vee (2+0=1) \vee (2+1=1) \vee \ldots\},$$

は，$x=2$ を代入したものに対応する．ここまで展開すれば，あとは，それぞれの小括弧の中の命題が成立するか否かを判定すればよいので，

$$\begin{aligned} &= \ldots \wedge \{\ldots \vee (F) \vee (F) \vee (T) \vee \ldots\} \\ &\quad \wedge \{\ldots \vee (F) \vee (T) \vee (F) \vee \ldots\} \\ &\quad \wedge \{\ldots \vee (T) \vee (F) \vee (F) \vee \ldots\} \wedge \ldots \\ &= T, \end{aligned} \tag{2.6}$$

となる．つまり，この限定命題は真となることが確認できる．

一方，式 (2.5) については，括弧を使って

$$= \exists y \in \mathbb{Z} (\forall x \in \mathbb{Z} (x+y=1)).$$

とすることができる．ここから，まず内側の括弧の解釈を展開すると，

$$= \exists y \in \mathbb{Z} \{\ldots \wedge (-1+y=1) \wedge (0+y=1) \wedge (1+y=1) \wedge \ldots\},$$

となる．ここで $(-1+y=1)$ の項は $x=-1$，$(0+y=1)$ の項は $x=0$，$(1+y=1)$ の項は $x=1$ を代入した場合に，それぞれ対応する．ここで，さらに括弧を展開すると，

$$
\begin{aligned}
= \ldots &\vee \{\ldots \wedge (0-1=1) \wedge (0+0=1) \wedge (0+1=1) \wedge \ldots\} \\
&\vee \{\ldots \wedge (1-1=1) \wedge (1+0=1) \wedge (1+1=1) \wedge \ldots\} \\
&\vee \{\ldots \wedge (2-1=1) \wedge (2+0=1) \wedge (2+1=1) \wedge \ldots\} \vee \ldots,
\end{aligned}
$$

となる．ここで，

$$= \{\ldots \wedge (-1+0=1) \wedge (0+0=1) \wedge (1+1=1) \wedge \ldots\}$$

は，$y=0$ を代入したものに対応し，

$$= \{\ldots \wedge (-1+1=1) \wedge (0+1=1) \wedge (1+1=1) \wedge \ldots\}$$

は，$y=1$ を代入したものに対応し，

$$= \{\ldots \wedge (-1+2=1) \wedge (0+2=1) \wedge (1+2=1) \wedge \ldots\}$$

は，$y=2$ を代入したものに対応する．ここまで展開すれば，あとは，それぞれの小括弧の中の命題が成立するか否かを判定すればよいので，

$$
\begin{aligned}
&= \ldots \vee \{\ldots \wedge (F) \wedge (F) \wedge (T) \wedge \ldots\} \\
&\qquad \vee \{\ldots \wedge (F) \wedge (T) \wedge (F) \wedge \ldots\} \\
&\qquad \vee \{\ldots \wedge (T) \wedge (F) \wedge (F) \wedge \ldots\} \vee \ldots \\
&= F, \qquad (2.7)
\end{aligned}
$$

となる．つまり，この限定命題は偽となることが確認できる．

このように，命題部分が同じであっても，限定記号の順番を入れ替えると，その真偽も変わってくるので，十分に注意されたい．以上をまとめると，限定記号の順番を入れ替えた場合，一般には

$$\forall x,\ \exists y P(x,y) \neq \exists y,\ \forall x P(x,y),$$

となる．

2.10　論理の応用事例

ここまで論理に関する定義や性質，また関連する豊富な具体例を紹介してきた．本節では，これらが情報系の分野において，どのような応用に関連するのかを，いくつかの事例に基づき紹介する．

2.10.1　エキスパートシステムとデータマイニング

エキスパートシステムとは，文字通り，専門家（エキスパート）の知識に基づくシステムである．具体的には，専門家の判断を「もしAならばB」という形式のルール（if〜thenルール）として表現し，これらを知識のデータベースとして蓄積する．もちろん，矛盾するルール，例えば「温度が25度になったらスイッチON」と「温度が25度になったらスイッチOFF」などを一緒に蓄積しないように注意しなければならない．このような知識データベースを準備しておき，判断が必要な状況，あるいは事象に遭遇した場合に，蓄えたルールに基づき，適切な判断結果を出力する，というものである（図2.8）．

図2.8　コンピュータがif〜thenルールによって考えている様子

われわれの身近なところでは，炊飯器やエアコンをはじめとする家電製品，ゲームなどにもすでに実装されている．登場当時に比べ，定着した技術として認識されるようになっているため，エキスパートシステムと明示されることもないので，ユーザー側が，その恩恵を受けていることを知らない場合が多い．エキスパートシステムは，論理という枠組よりも，工学の人工知能の分野において，その詳細を解説している場合が多い．興味のある読者は人工知能の専門書をひもといてみるとよい．

エキスパートシステムの具体的な実現方法については，時代とともに進化・洗練されてきてはいるものの，基本的には，専門家とのヒアリングからスタートすると思ってよい．エキスパートシステムは，「もしAならばB」という形のルールが適切に定義できるかどうかが性能の鍵を握っており，ゆえにヒアリングする際の設計者のインタビューの力量にも依存している．インタビューを通して，専門家の持っている知識を「もしAならばB」という形で具現化できれば，あとはそれらを，知識データベースに蓄積するだけでよい．

エキスパートシステムは，少し観点を変えると，ある人の行動パターンをルール化したものとして解釈することができる．現在は，専門家だけではなく，一般の人々の行動パターンをルール化することも盛んに行われてきている．例えば「20代，女性」といった人々のパターンをルール化することができれば，インターネットなどを利用したオンラインショッピングでそれらの人たちに対して適切な広告を打つことができるようになる．これらのルール化については，エキスパートシステム同様，ヒアリングを行うことで実施することもできるが，20代，女性のネット上での膨大な行動履歴（ビッグデータ）から，ルールを抽出する（データマイニング）するといった方法も多く提案されている．

2.10.2 命題を利用したおもちゃ

ある事象を構成する要素の数が多くなると，その組合せによって急激に考えられる可能性の数や，実現できる形の数が増加し，全体が非常に複雑になってしまう現象のことを，**組合せ爆発**という．一般的に，組合せ爆発は，ネガティブな意味で用いられる場合が多いが，本節では，これをポジティブに利用した例を紹介する．

いうまでもなく「命題」という考え方は，ある事象を明確に区分する強力なツールである．例えば，「気温が26度以上である」という命題を考えたとき，ある日の気温が26度以上であれば真，そうでなければ偽となる．言い換えると，この命題を利用すれば，日々の気温によって，それぞれを「気温が26度以上である日」と「気温が26度未満の日」の2つの集合に分類できることになる．

では，複数の命題を考えるとどうなるであろうか？例えば，「気温が26度以上である」と「湿度が50%以上である」の2つの命題を考えると，それぞれ2つの分類ができるので，合計4つの集合に分類することができる（表2.7）．

表2.7　4つの分類クラス

集合番号	気温	湿度
集合1	26度以上	50%以上
集合2	26度以上	50%未満
集合3	26度未満	50%以上
集合4	26度未満	50%未満

同様にして考えると，命題が3つの場合は，$2^3 = 8$個の集合，命題が4つの場合は，$2^4 = 16$個の集合，命題が20個の場合は1,048,576個の集合に分類することができる．

つまり，このことは，命題の個数を少し増やすだけで，爆発的な数の対象を識別できるようになるということに対応する．このような組合せ爆発の性質を積極的に利用したおもちゃが，登場しているので紹介したい．

このおもちゃは以下の手順で遊ぶ（実際にはもう少し複雑な構造になっているが，少し簡略化したものとして説明する）．

1) ユーザーがあるもの（「パソコン」や「テレビ」）を頭に思い浮かべる．
2) おもちゃ側がユーザーの頭に思い浮かべたものを推理するために「ソレハ，イキモノ，デスカ？」といった質問を行う．ユーザーは，それに対して「YES」，「NO」のボタンで答える（実際には，この2つのほかにも選択肢がある）．
3) 20問の質問のあと，おもちゃの方が推理が完了し，「ソレハ，○○デスネ」と当てる．

正解率は100%ではないらしいが，ユーザーはたった20の質問で，しかも手のひらサイズのおもちゃによって，自分自身の頭の中に思い浮かんでいるものを推理されてしまうことに，世間は驚き，当時は飛ぶように売れたそうである．

この例を紹介したのは，この商品の宣伝ではなく，離散数学を学んでいれば，このような大ヒット商品を生み出す能力をすでに有していることを示したかったからである．ぜひ読者の皆さんには，離散数学をしっかり学び，面白いヒット商品を世に出してほしい．

2.10.3 レコメンデーション（推薦）システム

インターネットを利用して買い物を行ったとき，これまでの購買履歴から「あなたにおすすめの商品」が提示される仕組みを目にしたことがあるであろう．これは**レコメンデーション（推薦）**システムと呼ばれるものである．推薦については，現在，多様でかつ高度な技術が取り入れられているが，ここでは，その中でも最も基本であり素朴な技術である**協調フィルタリング**を紹介する．協調フィルタリングの基本アイデアは，次の仮説に基づいている．

購買行動仮説

自分は持っていないが，自分に（性格や趣味が）似た人が持っている商品は自分が欲しい商品である．より具体的にすると，A さんと同じ商品を買っている B さんの購入商品のうち，A さんの購入していないものを推薦すれば買ってもらえるに違いない，というもの（図2.9）．

論証 (1) (p.60) の表現を用いれば，$p \to q$ において，p は「x,y は同じ趣味（嗜好傾向）である」，q は「x,y は同じ物を購入する」として，p を満たす x,y さんを見つけてくることで，q が成立するに違いないという推論．

非常にわかりやすい論理的推論である．では，具体例を示す．今，インターネットの販売サイトが，下記のような表のデータをもっていたとする．ここで A さんが買い物をして商品 1 を購入した直後のひきつづき買い物をしている場面を考え，B さん，C さんは買い物を終えているとする．

図2.9　こどものおねだりも協調フィルタリング

	商品1	商品2	商品3
Aさん	○		
Bさん	○		○
Cさん		○	

ここで，AさんはBさんと同じ商品1を購入したので，AさんとBさんは似ているという推論が行われる．そして，上記の購買行動仮説に基づき，Aさんの未購入の商品3を薦めれば，買ってくれる可能性が高い，という推論に基づき，協調フィルタリングでは商品推薦を行う．

実際のオンラインショッピングでは，商品点数は数万点，さらに購買ユーザーは数万，数十万人という規模になり，もう少し複雑な計算によって推薦を行っている．興味のある読者は，関連書籍をひもといてほしい

2.11 AIと論理

初期の頃のAIは，現在主流となっているデータ駆動型AIと異なり，2.7節で解説したような推論規則を駆使して，人と同様の「思考すること」を実現していた．つまり，AIの思考＝論理の推論，であり，この推論を駆動させるために必要な土台が論理ということになる．

さて，論理については，その体系が階層化されていて，最も基礎になるところが**命題論理**と呼ばれる体系になる．命題論理では，命題を論理の最小単位として考え，これを基準に複合命題を作り，論理演算によって推論する．一方，この命題論理だけでは表現能力に限界がある．この命題論理に対して，本章の2.6節で登場した命題関数，そして2.9節で登場した限定記号を導入することで，より高い表現能力を実現した体系が**述語論理**と呼ばれる．これによって，AIの思考の幅が格段に広がることになる．このような，命題論理や述語論理などの記号によって表現される体系のことを，**記号論理学**と呼ぶ（図2.10）．初期の頃のAIといえば，このような記号論理学に基づくAIが主流であり，関連する書籍もたくさんあるので，興味のある読者は，それらを読んでみてほしい．

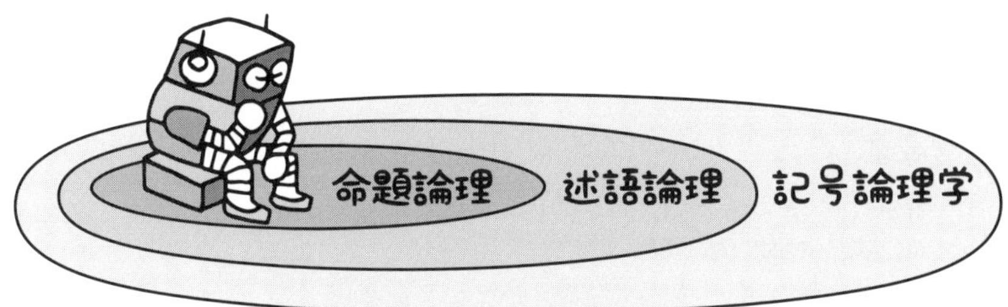

図2.10 記号論理学とAI

第4回目
終了（90分）

参考文献

[1] 青木利夫，高橋涉，平野載倫，「演習・集合位相空間」，培風館 (1985)（特に第1章）．守屋 悦朗，「離散数学入門（情報系のための数学）」，サイエンス社 (2006)（特に第1章 1.5 と第5章）．

[2] Seymour Lipschutz（著），成嶋 弘（翻訳），「離散数学—コンピュータサイエンスの基礎数学（マグロウヒル大学演習）」，オーム社 (1995)（特に第11章）．

[3] 石村 園子，「やさしく学べる離散数学」，共立出版 (2007)（特に第1章）．

[4] 山田 俊行，「はじめての数理論理学」，森北出版 (2018)（特に第1章）．

[5] 加藤 暢，「数理論理学—合理的エージェントへの応用に向けて」，コロナ社 (2014)

[6] Toby Segaran（著），當山 仁健（翻訳），鴨澤 眞夫（翻訳），「集合知プログラミング」，オライリージャパン (2008)．

[7] 小野田 博一（著）「13歳からの論理ノート」，PHP 研究所 (2006)．

[8] 小野田 博一（著）「論理的に話す方法−説得力が倍増するワークブック」，日本実業出版社 (1996)．

3.1　はじめに

関係という言葉は日常よく使われるが，読者の中には，ずいぶんとマニアックな言葉を取りあげてきたものだと感じるかもしれない．あるいは，数学とは縁のなさそうな言葉を，なぜここで持ってきたのかと，疑問に思うかもしれない．

実は関係という考えほど，世の中の根幹を数学的に表現しているものはない．特に情報分野においては，情報技術の華麗な花々を支える，豊かな土壌のようなものであるといってよい．具体的には，関係データベースやSQL，インターネットの接続を表現したり，また今日のコンピュータの2値論理の基礎となっているブール代数などの基礎にもなっている．もちろん，AI分野においても同様である．このように，関係を基礎とするAI・情報系の理論，技術の例は，挙げるときりがない．本章の解説および豊富な例題を通して，関係の本質と，それが支える世界の壮大さを感じてほしい．

3.2　直積集合

関係の説明の前に，直積集合について理解しておかなければならない．直積集合を作るには，まず複数の集合を準備する必要がある．それぞれの集合から

第5回目
開始（0分）

要素を取り出して組を作り，すべての異なる組合せを要素とする集合が直積集合になる．これを厳密に定義すると，以下のようになる．

直積集合

2つの任意の集合 A と B の**直積集合** $A \times B$ とは

$$A \times B = \{(a, b) \mid a \in A, b \in B\},$$

である．すなわち，A の要素 a と B の要素 b の組 (a, b) をすべて集めた集合のことである．組 (a, b) は**順序対**と呼ばれ，並んでいる順番に意味がある組である．直積集合の定義は一般化することができ，n 個の集合 $A_1, A_2, \ldots, A_n$ の直積集合は，

$$A_1 \times A_2 \times \cdots \times A_n = \{(a_1, a_2, \ldots, a_n) \mid a_1 \in A_1, a_2 \in A_2, \ldots, a_n \in A_n\},$$

となる．

直積集合は非常に素朴なものであるが，関係を定義するうえで土台となる重要な考え方である．

さて，A，B が有限集合であれば，直積集合の濃度は

$$|A \times B| = |A| \times |B|,$$

で計算できる．すでに，直積集合は複数の集合から構成されると述べたが，自分自身を2つ準備したものを複数の集合として考えることもできる．この場合，自分自身の直積集合は $A \times A$ となり，A^2 として定義できる．

$\mathbb{R}$ を実数の集合とすると，$\mathbb{R}^2 = \mathbb{R} \times \mathbb{R}$ はすべての実数の順序対となる．われわれにとってなじみ深い「xy 平面」は，この $\mathbb{R}^2$ に対応する（図 3.1）．順序対 (a, b) において，a を第1成分，b を第2成分と呼ぶ．集合の場合 $\{a, b\} = \{b, a\}$ であるが，順序対の場合 $(a, b) \neq (b, a)$ であることにも注意する．つまり．その名のとおり順番が重要である．A あるいは B のいずれかが空集合であれば，$A \times B$ も空集合となる．

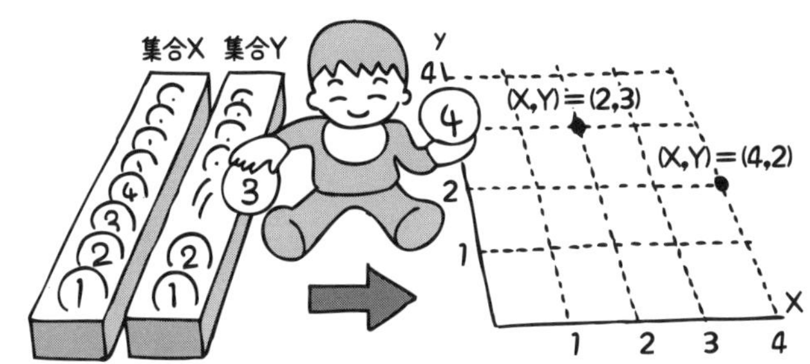

図 3.1 2 つの集合を縦横 (x,y) に並べて，直積集合（xy 平面）を構成

例題 3-1

身の回りにある直積集合を探してみよ．
見つけた直積集合は，どのような集合の直積になっているか？
（問題の趣旨：直積集合の理解）

解答

例えば，将棋盤（図 3.2）を考えると，盤面の下が先手，上が後手．先手から見て将棋盤の右上を基点とし，横方向に $\{1,2,\ldots,9\}$ の数字，縦方向に { 一, 二, ..., 九 } の漢数字が振られる．この数字と漢数字の集合による直積集合が将棋盤のマス目に対応することになる．数学や物理の座標系も基本的に同じような考え方になる．■

例題 3-2

$A = \{1,2,3\}$，$B = \{a,b\}$ とするとき次の直積集合を求めよ．

(a) $A \times B$ (b) $B \times A$ (c) A^2 (d) B^3

（問題の趣旨：直積集合の理解）

解答

(a) 直積集合の定義に基づき，集合 A と B からそれぞれ 1 つずつ要素を取り出して並べれば，$A \times B = \{(1,a),(1,b),(2,a),(2,b),(3,a),(3,b)\}$ となる．同様に，(b) $B\times A = \{(a,1),(a,2),(a,3),(b,1),(b,2),(b,3)\}$．ここで，$A\times B \neq B\times A$ であること注意

図3.2　将棋盤は直積集合

すること．(c) $A^2 = A \times A = \{(1,1),(1,2),(1,3),(2,1),(2,2),(2,3),(3,1),(3,2),(3,3)\}$. (d) $B^3 = B \times B \times B = \{(a,a,a),(a,a,b),(a,b,a),(a,b,b),(b,a,a),(b,a,b),(b,b,a),(b,b,b)\}$. ■

例題 3-3

$A = \{1,2\}$, $B = \{x,y,z\}$, $C = \{3,4\}$ とするとき直積集合 $A \times B \times C$ とその濃度 $|A \times B \times C|$ を求めよ．

（問題の趣旨：直積集合の濃度の理解）

解答

まず直積集合 $A \times B \times C$ を求めると，

$$A \times B \times C = \{(1,x,3),(1,x,4),(1,y,3),(1,y,4),(1,z,3),(1,z,4),\\ (2,x,3),(2,x,4),(2,y,3),(2,y,4),(2,z,3),(2,z,4)\}.$$

濃度は，$|A \times B \times C| = |A| \times |B| \times |C| = 2 \times 3 \times 2 = 12$ となる．■

例題 3-4

直積集合の定義をよく理解したうえで，以下の式が成立することを証明せよ．

$(A \times B) \cap (C \times D) = (A \cap C) \times (B \cap D)$

（問題の趣旨：直積集合の定義の理解）

解答

$$
\begin{aligned}
(A \times B) \cap (C \times D) &\Leftrightarrow (x, y) \in A \times B \text{ かつ } (x, y) \in C \times D \\
&\Leftrightarrow (x \in A \text{ かつ } y \in B) \text{ かつ } (x \in C \text{ かつ } y \in D) \\
&\Leftrightarrow (x \in A \text{ かつ } x \in C) \text{ かつ } (y \in B \text{ かつ } y \in D) \\
&\Leftrightarrow (x \in A \cap C) \text{ かつ } (y \in B \cap D) \\
&\Leftrightarrow (x, y) \in (A \cap C) \times (B \cap D) \quad \blacksquare
\end{aligned}
$$

3.3 関係

関係の厳密な定義の前に，日常の具体例を通して関係の考え方に触れる．まず，学生a君，b君，c君の3人からなる集合A，そして，カレー，ラーメン，ハンバーグからなる集合Bを考える．ここで，集合Aのメンバの好きな食べ物を調査したところ，a君はハンバーグ，b君はカレー，そしてc君はラーメンが好きであるとの結果が出たとする（図3.3）．

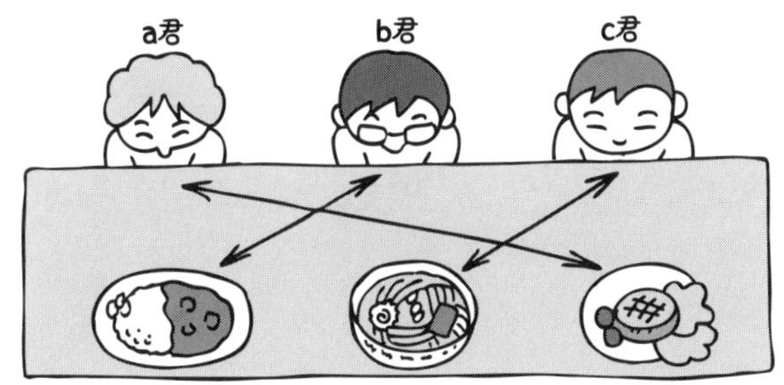

図3.3 a君，b君，c君とカレー，ラーメン，ハンバークの対応

このメンバと食べ物の対応について，$(a,$ ハンバーグ$)$，$(b,$ カレー$)$，$(c,$ ラーメン$)$，と表現すると，この対応関係が集合Aと集合Bの直積集合の部分集合になっていることがわかる．以下，具体的に例題を解いて理解してほしい．

例題 3-5

$A=\{a,b,c\}$，$B=\{$カレー，ラーメン，ハンバーグ$\}$，とするとき$A\times B$を求めよ．また$R=\{(a,$ハンバーグ$),(b,$カレー$),(c,$ラーメン$)\}$が，$A\times B$の部分集合になっていることを確認せよ．

（問題の趣旨：直積集合と関係の対応の理解）

解答

Bの要素が食べ物の名前になっているので，とまどうかもしれないが，定義通りに求めると$A\times B=\{(a,$カレー$),(a,$ラーメン$),(a,$ハンバーグ$),(b,$カレー$),(b,$ラーメン$),(b,$ハンバーグ$),(c,$カレー$),(c,$ラーメン$),(c,$ハンバーグ$)\}$となる．メンバと食べ物の対応$R=\{(a,$ハンバーグ$),(b,$カレー$),(c,$ラーメン$)\}$のすべての要素が，直積集合$A\times B$に含まれているので，$R\subset A\times B$である．■

これまでの説明および例題を通して強調したかったこととは

「**関係**の実体は，**直積集合の部分集合**である」

ということである．以下，厳密な定義を示す．

関係

2つの集合A，Bの直積集合$A\times B$の部分集合RをAからBへの**関係**という．$(a,b)\in R$ならば，aとbはR-関係にあるといい，aRbで表す．
Aの要素aがBの要素bと関係がある場合は$(a,b)\in R$であり，関係がない場合には$(a,b)\notin R$である．関係がA^2の部分集合である場合は，A**上の関係**と呼ぶ．

例題 3-6

$A=\{a,b,c\}$，$B=\{1,2\}$，とするときAからBへの関係は，いくつ考えることができるか？また，A上の関係はいくつ考えることができるか？

（問題の趣旨：直積集合とその上で関係の構成できる数の理解）

解答

関係は $A \times B$ の部分集合であるから，考えることのできる関係は部分集合をすべて集めた，べき集合 $P(A \times B)$ の要素に対応する．$|P(A \times B)|$ が考えられる関係の数となり，$|A \times B| = |A| \times |B| = 3 \times 2 = 6$ なので，$2^6 = 64$ となる．同様に A 上の関係は，$A \times A$ の部分集合であるから，$|P(A \times A)| = 2^9 = 512$ となる．ほんのわずかな要素数であっても，考えることのできる関係の数は膨大なものになることを実感してほしい．■

例題 3-7

$A = \{a, b, c\}$，$B = \{1, 2\}$，とするとき，以下の (a) から (f) は A から B への関係になるか否かを判定せよ．

(a) $R_1 = \{(a,1), (a,2), (c,2)\}$，(b) $R_2 = \{(a,2), (b,1)\}$，(c) $R_3 = \{(c,1), (c,2), (c,3)\}$，(d) $R_4 = \{(b,2)\}$，(e) $R_5 = \emptyset$，(f) $R_6 = A \times B$.

（問題の趣旨：関係の定義の理解）

解答

(a), (b), (d), (e)，および (f) は $A \times B$ の部分集合になっているので関係になる．(c) は $(c, 3) \notin A \times B$ であるため A から B への関係ではない．■

逆関係は，関係を構成する順序対の成分を逆順にして得られる関係である．例えば，前述の学生とメニューの「＊＊（学生）は○○（メニュー）が好き」という関係の逆関係は「○○（メニュー）は＊＊（学生）に好まれている」になる．以下，厳密な定義を示す．

逆関係

関係 $R \subset (A \times B)$ の**逆関係** R^{-1} は

$$R^{-1} = \{(b, a) \mid (a, b) \in R\},$$

で定義する．aRb であるとき，かつそのときに限り $bR^{-1}a$ が成立する．

例題 3-8

$A = \{1,2,3,4\}$ 上の関係として x は y より小さいと定義する．すなわち $R \subset A \times A$ を「<」と定義する．このとき R を構成する順序対を列挙せよ．また，この逆関係の順序対も列挙せよ．

（問題の趣旨：関係と逆関係の定義の理解）

解答

$x < y$ となる (x, y) を具体的に求めると，$R = \{(1,2),(1,3),(1,4),(2,3),(2,4),(3,4)\}$ となる．

よって逆関係は $R^{-1} = \{(2,1),(3,1),(4,1),(3,2),(4,2),(4,3)\}$ となる．■

例題 3-9

$A = \{1,2,3,4\}$ および $B = \{6,7,8\}$ とする．

(1) A 上の関係は，何種類考えることができるか？

(2) A から B への関係は，何種類考えることができるか？

(3) xR_1y を「x と y は等しい」という関係 $R_1(\subset A \times A)$ とする．この関係 R_1 を外延的表記で表せ．

(4) xR_2y を「x は y の約数」という関係 $R_2(\subset A \times B)$ とする．この関係 R_2 を外延的表記で表せ．

（問題の趣旨：関係の数および関係の実体の理解）

解答

(1) $P(A \times A) = 2^{|A \times A|} = 2^{|A|^2} = 2^{16}$

(2) $P(A \times B) = 2^{|A \times B|} = 2^{4 \times 3} = 2^{12}$

(3) $R_1(\subset A \times A) = \{(1,1),(2,2),(3,3),(4,4)\}$

(4) $R_2(\subset A \times B) = \{(1,6),(1,7),(1,8),(2,6),(2,8),(3,6),(4,8)\}$ ■

3.4　関係の表現方法

すでに述べたように，関係の実体は直積集合の部分集合である．よって，関係は順序対の集合として表記することができる．しかし，順序対の表記を見ただけでは，関係の全体像を直感的にイメージしにくい．そこで，関係を直感的にわかりやすく表現する方法を3つ紹介する．

3.4.1　関係グラフ

集合 $A = \{1, 2, 3, 4\}$ と集合 $B = \{x, y, z\}$ の間の関係，

$$R = \{(1, y), (1, z), (3, y), (4, x), (4, z)\} \quad (\subset A \times B),$$

を例にして考える．

関係グラフとは，図3.4に示すように，それぞれの集合の間の対応関係を矢印で結んだものである．要素数がそれほど多くない場合に適した，わかりやすい視覚化の方法である．

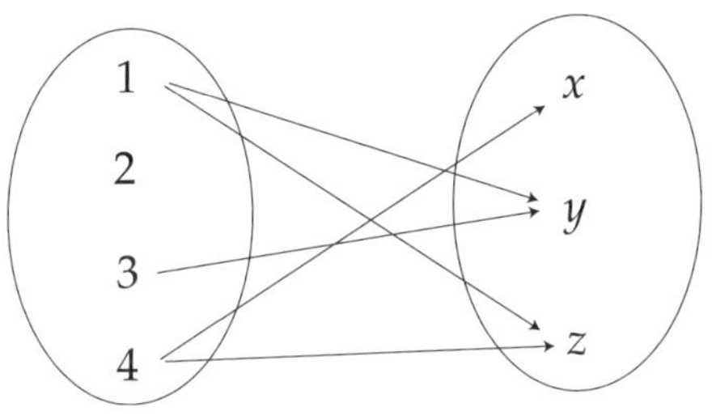

図 3.4　関係グラフの例

3.4.2　隣接行列

隣接行列は，各行と列に対して，直積集合を構成する各集合の要素が対応し，関係のあるところを1，ないところを0としたものである．すなわち，$(a, b) \in R$ ならば a 行 b 列の要素は1，$(a, b) \notin R$ ならば0になる．前の例と同様に，$R(\subset A \times B) = \{(1, y), (1, z), (3, y), (4, x), (4, z)\}$ を考えると，次のような隣接行列

$$M_R = \begin{array}{c} \\ 1 \\ 2 \\ 3 \\ 4 \end{array} \begin{array}{c} \begin{array}{ccc} x & y & z \end{array} \\ \begin{bmatrix} 0 & 1 & 1 \\ 0 & 0 & 0 \\ 0 & 1 & 0 \\ 1 & 0 & 1 \end{bmatrix} \end{array},$$

が得られる．

第5回目
60分経過

3.4.3　有向グラフ

$A = \{a, b, c\}$ とし，A 上の関係 $R(\subset A \times A)$ を

$$R = \{(a, a), (a, c), (b, a), (c, b)\},$$

とする．これを隣接行列で表現すると

$$M_R = \begin{array}{c} \\ a \\ b \\ c \end{array} \begin{array}{c} \begin{array}{ccc} a & b & c \end{array} \\ \begin{bmatrix} 1 & 0 & 1 \\ 1 & 0 & 0 \\ 0 & 1 & 0 \end{bmatrix} \end{array},$$

となり，これと**有向グラフ**で表現すると図3.5となる．すなわち，第1成分から第2成分に向って矢印を引いたものが有向グラフである．

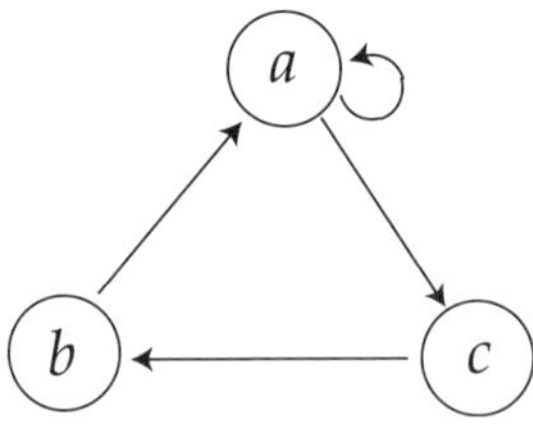

図3.5　関係 R の有向グラフ

A上の関係を視覚化する場合に，有向グラフの表現が有効に機能し，異なる集合間で定義される関係の場合，有向グラフの表現は関係グラフの場合とそれほど変わらない．

例題 3-10

$A = \{1,2,3,4,6\}$ としたときに，「x は y を割り切るという A 上の関係 xRy」を考える．

(1) R の要素（順序対）を列挙せよ．

(2) 隣接行列で関係 R を表現せよ

(3) 関係グラフで関係 R を表現せよ

(4) 有向グラフで関係 R を表現せよ

（問題の趣旨：関係の表現の理解）

解答

(1) $R = \{(1,1),(1,2),(1,3),(1,4),(1,6),(2,2),(2,4),(2,6),(3,3),(3,6),(4,4),(6,6)\}$.

(2) 第 1 成分を行に，第 2 成分を列に対応させると

$$M_R = \begin{array}{c} \\ 1 \\ 2 \\ 3 \\ 4 \\ 6 \end{array} \begin{array}{c} \begin{array}{ccccc} 1 & 2 & 3 & 4 & 6 \end{array} \\ \begin{bmatrix} 1 & 1 & 1 & 1 & 1 \\ 0 & 1 & 0 & 1 & 1 \\ 0 & 0 & 1 & 0 & 1 \\ 0 & 0 & 0 & 1 & 0 \\ 0 & 0 & 0 & 0 & 1 \end{bmatrix} \end{array},$$

が得られる．

(3) および (4) については，それぞれ下図（図 3.6）のように求めることができる．

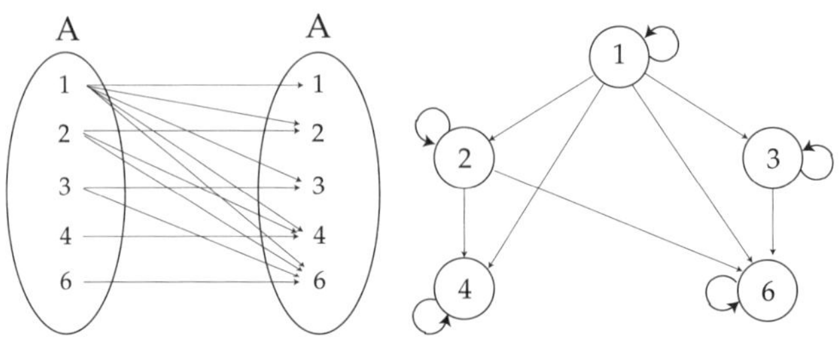

図 3.6　左図 (3) 関係グラフ，右図 (4) 有向グラフ

■

3.5　関係の合成

例えば，好きな映画のジャンル集合 A と，あるクラスの生徒たちの集合 B の関係 $R(\subset A\times B)$ があるとする．また，ある同じクラスの生徒たちの集合 B と，好きな食べ物の集合 C の関係 $S(\subset B\times C)$ があるとする．これら2つの関係を，生徒たちの集合 B を使って結びつけると，好きな映画のジャンルの集合 A と好きな食べ物の集合 C の関係ができあがる．この関係から映画と食べ物の好みに関する興味深い関連を見いだすことができるかもしれない．このような複数の関係を結びつけることを，**関係の合成**と呼び，下記のような定義になる．

関係の合成

関係 $R(\subset A\times B)$ および関係 $S(\subset B\times C)$ を考える．$(a,b)\in R$ に対して，$(b,c)\in S$ のとき，$A\times C$ の部分集合

$$\{(a,c)\mid(a,b)\in R \text{ かつ } (b,c)\in S\},$$

を**関係 R と S の合成**といい，$S\circ R$ と書く．

以下にこの関係の合成を求める方法を2つ紹介する．

3.5.1　関係グラフによる合成関係の求め方（方法1）

方法の1つめは，関係グラフを用いるものである．ここで例として，$A = \{1, 2, 3, 4\}$，$B = \{a, b, c, d\}, C = \{x, y, z\}$，とし，$R = \{(1, a), (2, d), (3, a), (3, b), (3, d)\}$ $(\subset A \times B)$，$S = \{(b, x), (b, z), (c, y), (d, z)\}(\subset B \times C)$，で定義される関係の合成を示す．このときの関係グラフを描画すると図3.7のようになる．この図を参考に，$S \circ R$を考えると，まず$(2, d) \in R$かつ$(d, z) \in S$なので，$(2, z) \in S \circ R$となる．同様に考えると，$(3, x) \in S \circ R$，$(3, z) \in S \circ R$である．よって，$S \circ R = \{(2, z), (3, x), (3, z)\}$となる．

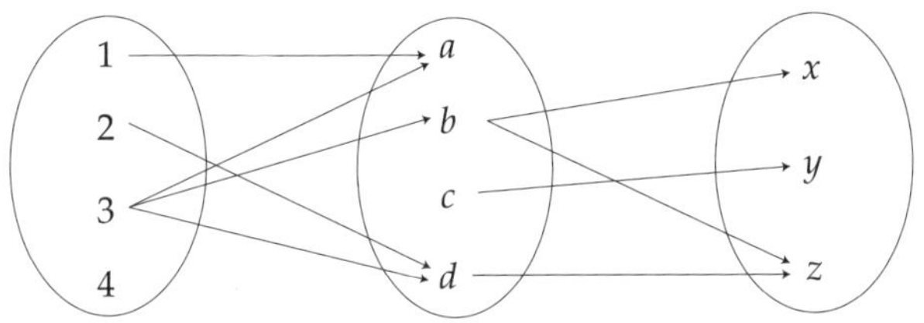

図3.7　関係RおよびSの関係グラフ

3.5.2　隣接行列による合成関係の求め方（方法2）

もう1つの方法は隣接行列を用いるものである．ここで例として，関係RとSの**隣接行列**が

$$M_R = \begin{array}{c} \\ 1 \\ 2 \\ 3 \\ 4 \end{array} \begin{array}{c} \begin{array}{cccc} a & b & c & d \end{array} \\ \left[\begin{array}{cccc} 1 & 0 & 0 & 0 \\ 0 & 0 & 0 & 1 \\ 1 & 1 & 0 & 1 \\ 0 & 0 & 0 & 0 \end{array}\right] \end{array}, \qquad M_S = \begin{array}{c} \\ a \\ b \\ c \\ d \end{array} \begin{array}{c} \begin{array}{ccc} x & y & z \end{array} \\ \left[\begin{array}{ccc} 0 & 0 & 0 \\ 1 & 0 & 1 \\ 0 & 1 & 0 \\ 0 & 0 & 1 \end{array}\right] \end{array},$$

で定義されている場合を考える．行列の各要素は，関係のあるときは1，ないときは0となっている．隣接行列M_RとM_Sの行列積により

$$M = M_R M_S = \begin{array}{c} \\ 1 \\ 2 \\ 3 \\ 4 \end{array} \begin{array}{c} \begin{array}{ccc} x & y & z \end{array} \\ \begin{bmatrix} 0 & 0 & 0 \\ 0 & 0 & 1 \\ 1 & 0 & 2 \\ 0 & 0 & 0 \end{bmatrix} \end{array},$$

を得る．この行列において0ではない成分が，合成関係 $S \circ R$ の関係のある場合に対応している．

例題 3-11

$A = \{a, b, c, d\}$, $B = \{1, 2, 3\}$, $C = \{w, x, y, z\}$ とする．
関係 $R = \{(a, 3), (b, 3), (c, 1), (c, 3), (d, 2)\}(\subset A \times B)$ と関係 $S = \{(1, x), (2, y), (2, z)\}$ $(\subset B \times C)$ の合成 $S \circ R$ を求めよ．
（問題の趣旨：関係の合成の理解）

解答

方法1および方法2のいずれでも求めることができ，最終的に $S \circ R = \{(c, x), (d, y), (d, z)\}$ となる．■

このような関係の合成が，具体的にどのような場面で利用できるのかを考えてみる．読者のみなさんがコンビニを経営していると仮定し，そこで以下のような購買データが獲得できたとする．

〈購買データ1〉　(10代, 商品①), (20代, 商品②), ...

このデータにおいて，$A = \{$ 年代の集合 $\}$ と $B = \{$ 商品の集合 $\}$ と定義すれば，購買データをこれらの関係 $R_1 \subset A \times B$ と定義することができる．また，多角経営をしているみなさんは，コンビニの隣に映画館を持っているとする．そこでコンビニのレシートを見せると，映画チケットを割り引いてあげるというサービスを行い，これにより購買データと閲覧映画についてのデータ

〈購買データ2〉　(商品②, ホラー映画), (商品①, コメディ映画), ...

も獲得する枠組を作ることができる．これに関しても $B = \{$商品の集合$\}$ と $C = \{$映画のジャンル$\}$ と定義すれば，購買データをこれらの関係 $R_2 \subset B \times C$ と定義することができる．

このようにして得られた関係 R_1 と R_2 を合成すれば，商品の集合 B を介して，どの年代がどの映画を好むのかを，映画館で面倒なアンケートをとらずとも，推測することができる（図 3.8）．

図 3.8 関係の合成で，実はデータ連携することができる！

3.6 関係の性質

あるクラスの生徒の集合 A 上の関係として，「生徒 a と生徒 b は同じ町内に住んでいる」という関係と，「生徒 a は生徒 b のことを友人と思っている」という関係を考えたとき，これら 2 つの関係は同じ集合 A 上に定義されるが異なる性質を持っている．例えば，「a と b が同じ町内に住んでいる」の関係では，aRb が成立すれば，必ず bRa が成立するが，「生徒 a は生徒 b のことを友人と思っている」の関係では，aRb が成立するからといって bRa が成立するとは限らない．

図 3.9　友人関係が対称的であるとは限らない

つまり，a が一方的に b のことを友人と思っているだけかもしれない（図 3.9）.

このような関係の性質を数学的に表現することができ，そのうちの代表的なもの 4 つを以下に示す.

関係の性質

R を集合 A 上の関係とする.

(1) A の各要素 a に対して aRa ならば R は**反射的**であるという.

(2) aRb ならば bRa であるとき R は**対称的**であるという.

(3) aRb かつ bRa ならば $a = b$ であるとき R は**反対称的**であるという.

(4) aRb かつ bRc ならば aRc であるとき R は**推移的**であるという.

これらの性質は集合 A 上の関係，すなわち $R \subset A \times A$ に対してのみ定義されることに注意してほしい.

▮例▮　任意の集合族 $\mathcal{P}$ 上の包含関係 $\subset$ を考える.

(1) $\mathcal{P}$ の任意の集合 A に対して $A \subset A$ であるから $\subset$ は反射的である.

(2) $A \subset B$ であっても $B \subset A$ とは限らないので，$\subset$ は対称的ではない.

(3) $A \subset B$ かつ $B \subset A$ ならば $A = B$ であるから $\subset$ は反対称的である.

(4) $A \subset B$ かつ $B \subset C$ ならば $A \subset C$ であるから，$\subset$ は推移的である.

▮例▮　$A = \{1, 2, 3\}$ 上の関係 $R = \{(1, 1), (1, 2), (2, 1), (2, 3)\}$ を考える．このとき

(1) 2 は A の要素であるが $(2, 2) \notin R$ であるから R は反射的ではない.

(2) $(2,3) \in R$ であるが $(3,2) \notin R$ であるから R は対称的ではない.

(3) $(1,2) \in R$ かつ $(2,1) \in R$ であるが，$1 \neq 2$ であるから R は反対称的ではない.

(4) $(1,2) \in R$ かつ $(2,3) \in R$ であるが，$(1,3) \notin R$ であるから R は推移的ではない.

例題 3-12

$X = \{1,2,3\}, R = \{(1,1),(1,2),(1,3),(2,1),(3,1),(3,3)\}(\subset X \times X)$ について (a) 反射的，(b) 対称的，(c) 反対称的，(d) 推移的であるかどうかを調べよ.

（問題の趣旨：関係の性質の理解）

解答

(a) $(2,2) \notin R$ なので反射的ではない. (b) 対称的である. (c) 例えば，$1R2$，$2R1$ が成立するが，$1 \neq 2$ なので反対称的ではない. (d) $(2,1) \in R$ かつ $(1,3) \in R$ のときに $(2,3) \notin R$ なので推移的ではない. ■

例題 3-13

以下の関係は，いずれも正整数の上で定義されているとする. これらの関係が (1) 反射的，(2) 対称的，(3) 反対称的，(4) 推移的 であるか? を判定せよ.

(a) xRy: x は y よりも大きい　　(b) xSy: $\mathrm{x} + \mathrm{y} = 10$

（問題の趣旨：関係の性質の理解）

解答

(a) については，(1) 反射的は，自分自身よりも大きくなる場合はないので ×. (2) 対称的は，また xRy が成立しても逆が成立しないので ×. (3) 反対称的については，この判断で迷う読者が多いと思う. 反対称的の条件は xRy かつ yRx ならば $x = y$ であることであり，これを条件命題の形式で書くと $(xRy \wedge yRx) \to x = y$ となる. xRy か yRx のいずれか一方しか成立しないので，反対称的の条件命題の前件部は常に偽となる. 条件命題の前件部が偽の場合，条件命題全体は真となるため，この問題の答えは○となる. (4) 推移的は，例えば $1R2$ かつ $2R3$ ならば $1R3$ となるので成立し，○となる.

(b) については，(1) 例えば $x = 3$ とすると $3 + 3 \neq 10$ となり $3S3$ が成立しな

い．よって×である．(2) $x = 3, y = 7$ を考えると，$x + y = y + x = 10$ で○となる．(3) 同様に $x = 3, y = 7$ を考えると xSy かつ ySx であるが，$x \neq y$ なので×となる．(4) さらに $x = 3, y = 7$ を考えると，$xSy, ySx \rightarrow xSx$ でなければならないが，これが成立しないので×となる．■

3.7　分割

あるクラスの生徒たちの集合を，「メガネをかけている子」と「メガネをかけていない子」に分ける，あるいは「1月から4月生まれ」，「5月から8月生まれ」，「9月から12月生まれ」の3つの部分集合に分けることを考える．この場合，どの部分集合どうしにも重複がなく，さらに各要素が，いずれかの部分集合に必ず属するという，きれいな分け方ができる．このような分け方を**分割**と呼び，イメージとしては図3.10に示すような分け方になる．この分割という考え方は，パターン認識などの応用において重要な役割を持つ．

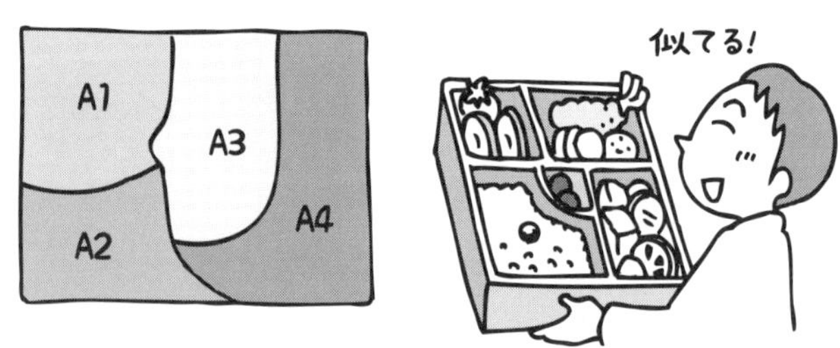

図3.10　分割のイメージ図

第6回目
30分経過

以下，分割の厳密な定義を示す．

分割

S を任意の空でない集合とする．S の**分割**とは次の (1) および (2) を満たす S の空でない部分集合からなる集合族 $\{A_i\}$ である．

(1) S の各要素 a は1つの A_i に属する．

(2) $\{A_i\}$ の各集合は互いに素である．すなわち

$$A_i \neq A_j \quad ならば \quad A_i \cap A_j = \emptyset,$$

である．言い換えると，S の分割とは，S の重複のない部分集合への細分のことである．分割の各部分集合は**細胞**と呼ばれる．つまり，分割の実体は集合族，その要素となる集合が細胞である．

例題 3-14

それぞれ $\{1,2,\cdots,9\}$ の分割になるかどうか判定せよ．

(1) $\{\{1,3,5\},\{2,6\},\{4,8,9\}\}$,

(2) $\{\{1,3,5\},\{2,4,6,8\},\{5,7,9\}\}$,

(3) $\{\{1,3,5\},\{2,4,6,8\},\{7,9\}\}$.

（問題の趣旨：分割の理解）

解答

(1) は，要素 7 がどの細胞にも属していないので，S の分割とはいえない．(2) は $\{1,3,5\}$ が $\{5,7,9\}$ 互いに素ではない（要素 5 が重複している）ので，S の分割ではない．(3) は S の分割である．■

例題 3-15

$\{a,b,c,d\}$ を，3 つの細胞に分割することを考える．すべての分割を挙げよ．

（問題の趣旨：分割と細胞の理解）

解答

$\{\{a\},\{b\},\{c,d\}\}$, $\{\{a\},\{c\},\{b,d\}\}$, $\{\{a\},\{d\},\{b,c\}\}$,

$\{\{b\},\{c\},\{a,d\}\}$, $\{\{b\},\{d\},\{a,c\}\}$, $\{\{c\},\{d\},\{a,b\}\}$ ■

3.8　分割と包除原理

分割の細胞の数は，包除原理に密接に関係している．ここで，もう一度，包除原理を思い出すために，以下の例題を再掲載する．

組み分け問題（再）

4人 a, b, c, d を，3組 A, B, C に分けたい．何通りあるだろうか？ただし，それぞれの組には最低1人配置されるようにしなければならない．

[解答（再）]

まず，4人を3つの組に分けることを考えた場合の数を N とすると，これは1人について3つの組を選択することができるので，

$$N = 3 \times 3 \times 3 \times 3 = 3^4 = 81,$$

となる．この選択の中には，1つの組に1人も配属されていない場合も含まれており，これらを取り除かなければならない．例えば，組 A に1人も配置されていない場合 N_A は，すなわち各人，A を除く B および C を選択することができるので，

$$N_A = 2 \times 2 \times 2 \times 2 = 2^4 = 16,$$

となる（図3.11）．同様に N_B および N_C も計算できる．

図3.11　N_A の考え方

これらの N_A，N_B，N_C，を N から単純に引いてしまえば答えがでるかといえばそうでもない．というのは N_A の中には，組 A にも B にも配置されていない場合 N_{AB}（図3.12）と組 A にも C にも配置されていない場合 N_{AC} が含まれているからである．

図 3.12　N_{AB} の考え方

つまり，

$$N - N_A - N_B - N_C,$$

としてしまうと，N_A と N_B に含まれている N_{AB} が 1 回余分に N から引かれることになってしまう．N_{AC} と N_{BC} も同様に余分に引かれているので，この分を足さなければならない．

では，A および B に 1 人も配置されていない場合は，各人 C のみ選択することになるので

$$N_{AB} = 1 \times 1 \times 1 \times 1 = 1,$$

となる．この分を足すと

$$N - N_A - N_B - N_C + N_{AB} + N_{BC} + N_{AC}.$$

そして最後，A, B, C にいずれも配置されていない場合もあるが，これは各人がどの組にも配置されないということになりありえないため，

$$N_{ABC} = 0,$$

となり，以上より，包除原理を利用すれば，

$$N - N_A - N_B - N_C + N_{AB} + N_{BC} + N_{AC} - N_{ABC}$$
$$= 81 - 16 - 16 - 16 + 1 + 1 + 1 - 0 = 36,$$

と計算できる．

では，ここで問題を変更しよう．

タクシー乗車問題

4人 a,b,c,d を，3台のタクシーに乗車させたい．ここで3台のタクシーに区別がなく，また空車になるタクシーはないとする．何通りあるだろうか？

この問題と，前問の組み分け問題の本質的な差は，振分け先に区別があるかないかの差である（厳密にはタクシーにも区別があるかもしれないがここでは区別しないとする（図3.13））．組み分け問題の場合は，A,B,C というように組にラベルがついており区別されているため，区別がない場合よりも数が多くなる．

図3.13　区別が必要なときもある

さて振分け先に区別がない場合に，どのように組合せの数を求めればよいかというと，包除原理で得られた数を，タクシーの台数の階乗，すなわち3!で割ればよい．もう少し説明を加える．タクシー問題の場合は，空車が許されないので，乗り込む人間のグループは，必ず3グループに分かれる．タクシーに区別がある場合に，1グループめが選択できる組合せは，3台のタクシーのどれかなので，3通りになる．2グループめは，残り2台のタクシーのどれかなので，2通り．3グループめは，残り1台のタクシーしか選択肢はないので，1通り．よって，3グループが3台のタクシーに乗る組合せは

$$3 \times 2 \times 1 = 3!$$

となり，タクシーに区別がない場合には，この数で割ればよいことになる．

このような，**異なる** n 個のモノを，**同じ**種類の器 k 個に空きを作らないように入れるときの組合せの数を，**第2種スターリング数**と呼び，$S(n,k)$ で表す．以下，第2種スターリング数の小さい場合をまとめる（表3.1）．

表3.1 第2種スターリング数

n \ k	1	2	3	4	5
1	1	0	0	0	0
2	1	1	0	0	0
3	1	3	1	0	0
4	1	7	6	1	0
5	1	15	25	10	1

第2種スターリング数は分割と密接な関係があるのでそれを以下にまとめる．

分割の数え上げ

n 個の元を持つ集合の分割の総数は**ベル数** B_n に等しい．ベル数は次の漸化式で表現される．

$$B_{n+1} = \sum_{k=0}^{n} \binom{n}{k} B_k. \tag{3.1}$$

ここで，

$$\binom{n}{k} = \frac{n!}{(n-k)!k!} \tag{3.2}$$

である．

小さいベル数については，それぞれ $B_0 = 1, B_1 = 1, B_2 = 2, B_3 = 5, B_4 = 15,$ となる．

また，n 個の元を持つ集合を k 個の細胞に分ける分割の総数は，包除原理で登場した第2種スターリング数となる．

例題 3-16

$A = \{1,2,3,4\}$ の分割をすべて求めよ．また分割の総数が B_4 に等しいことを確認せよ．また，A を2つの細胞に分ける分割の総数はいくつになるか確認せよ．

（問題の趣旨：分割とベル数とスターリング数の理解）

解答

細胞数が1の分割：$\{\{1,2,3,4\}\}$,

細胞数が2の分割：$\{\{1\},\{2,3,4\}\}$, $\{\{2\},\{1,3,4\}\}$, $\{\{3\},\{1,2,4\}\}$, $\{\{4\},\{1,2,3\}\}$, $\{\{1,2\},\{3,4\}\}$, $\{\{1,3\},\{2,4\}\}$, $\{\{1,4\},\{2,3\}\}$,

細胞数が3の分割：$\{\{1\},\{2\},\{3,4\}\}$, $\{\{1\},\{3\},\{2,4\}\}$, $\{\{1\},\{4\},\{2,3\}\}$, $\{\{2\},\{3\},\{1,4\}\}$, $\{\{2\},\{4\},\{1,3\}\}$, $\{\{3\},\{4\},\{1,2\}\}$.

細胞数が4の分割：$\{\{1\},\{2\},\{3\},\{4\}\}$,

第6回目
60分経過

以上，15個となり，B_4 に等しいことがわかる．また，上記の分割のうち，細胞数が2のものは7つになる．■

さて，上記の例題を通して，集合の分割がベル数に等しいことが示された．このことが，実は，テレワーク（あるいはリモートワーク）のWeb会議ツールに強く関連している．

あるWeb会議ツールでは，「ブレイクアウトルーム」と呼ばれる，会議に参加しているユーザーを少人数ごとのグループに分ける機能が備わっている．具体的には，会議に参加している10名のユーザを，4人，3人，3人といった具合に分けて，それぞれにバーチャルな小会議室（ブレイクアウトルーム）を割り当てる機能である．ここで，最初の会議に参加しているユーザの集合を考えたとき，このブレイクアウトルームが何に対応するのかといえば，集合の分割の細胞に対応することになる．このように考えると，例えば，10人のユーザを5

部屋のブレイクアウトルームに分ける場合に，どのくらいの組合せがあるのかを，第2種スターリング数で求めることができる．そして，10人のユーザを，5部屋，4部屋といった，あらゆる部屋数のブレイクアウトルームに分ける組合せの数は，ベル数に対応することになる．

例えば，読者の皆さんが数十人規模のサークルの飲み会を，オンラインで開催するとして，ブレイクアウトルームの機能を使ってゆくことを考える．ブレイクアウトルームの個数をいろいろ変化させながら，どのくらいの組合せになるのかをぜひ考えてほしい．きっと，想像を超える大きな数になることに，読者の皆さん，驚くことになるであろう（図3.14）．

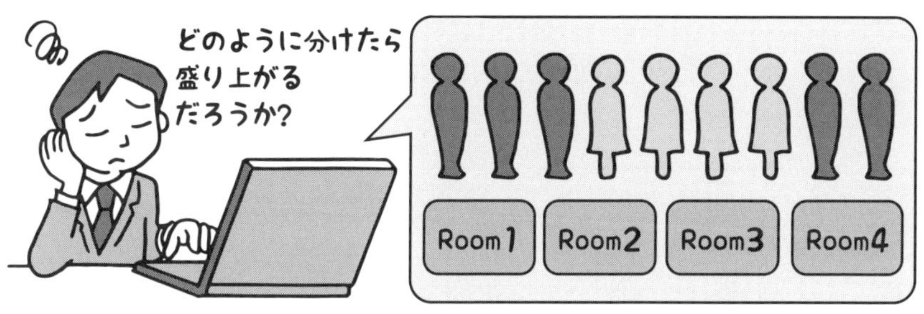

図3.14　第二種スターリング数もベル数も身近な応用事例

3.9　同値関係

集合の分割は，以下で示される特別な関係と深い関わりを持つ．

> **同値関係**
>
> 集合 S 上の関係 R が**反射的**，**対称的**，かつ**推移的**であるとき**同値関係**と呼ぶ．

同値関係の例をいくつか紹介する．

▮例1▮　ある学校の生徒全員の集合 A を考える．「生徒 a は生徒 b とクラスメート」という関係は A 上の同値関係である．実際，aRa（自分は自分とクラスメートなので，反射的である），aRb ならば bRa（生徒 a が生徒 b とクラスメートであれば，生徒 b は生徒 a とクラスメート），aRb かつ bRc ならば aRc（生徒 a と生徒 b が同じクラス，生徒 b と生徒 c が同じクラスであれば，生徒 a は生徒 c と同じクラス）ということが確認できる．

例2　ユークリッド平面上の直線全体 L と三角形全体 T を考える．「平行または等しい」という関係は L 上の同値関係である，合同や相似は T 上の同値関係である．

例3　集合の包含関係 $\subset$ は同値関係でない．反射的かつ推移的であるが $A \subset B$ であっても $B \subset A$ とは限らないので，対称的ではない．

任意の集合 A 上に同値関係 R を定義することができれば，その集合の分割を求めることができる．これを**同値類**と呼び，以下のような定義で与えられる．

同値類

R を集合 A 上の同値関係とする．各 $a \in A$ に対して，a と同値関係にある要素の集合を A の同値類と呼び $[a]$ と書く．すなわち，

$$[a] = \{x \mid (a, x) \in R\} \ (\subset A). \tag{3.3}$$

また，A の同値類の集合を R による A の**商**と呼び A/R によって表す．すなわち，

$$A/R = \{[a] \mid a \in A\} \ (\subset P(A)). \tag{3.4}$$

A の商 A/R は，集合 A の分割になる．また同値関係 R によって，集合 A を分割することを**類別**ともいう．

さらに次の (1) - (3) が成立する．

(1) A の各要素 a に対して $a \in [a]$.

(2) $[a] = [b]$ のとき，かつこのときに限り $(a, b) \in R$.

(3) $[a] \neq [b]$ ならば，$[a]$ と $[b]$ は互いに素である．

同値関係と分割の例を示す．

▮例 4▮ $S = \{1, 2, 3\}$ とする．関係 $R = \{(1,1), (1,2), (2,2), (2,1), (3,3)\}$ は S 上の同値関係である．関係 R のもとで，同値類は

$$[1] = \{1, 2\},\ [2] = \{1, 2\},\ [3] = \{3\},$$

となる．$[1] = [2]$ であり，$S/R = \{[1], [3]\}$ は S の分割となる．

例題 3-17

$A = \{1, 2, 3, 4, 5, 6, 7\} \subset \mathbb{Z}$ において，関係 R を

$$m \equiv n \pmod 3 \quad \Leftrightarrow \quad m - n \quad \text{は 3 の倍数},$$

と定義するとき

(1) この関係 $R \subset A^2$ を具体的に書き下せ．（$= A^2$ の部分集合として具体的な要素を書け）

(2) 関係 R の有向グラフを描き，同値関係であることを確認せよ．

(3) A/R を求めよ．

（問題の趣旨：同値関係と同値類の理解）

解答

まず，R を具体的に書き下すと．

$$\begin{aligned}(1) \qquad R \ = \ &\{(1,1), (4,4), (7,7), (1,4), (4,1), (1,7), (7,1), (4,7), (7,4)\\ &(2,2), (5,5), (2,5), (5,2), (3,3), (6,6), (3,6), (6,3)\},\end{aligned}$$

となる．

(2) 関係 R の有向グラフは図 3.15 のようになる．反射的であるグラフは，自身に戻るループを有し，さらに対称的であるグラフは，矢印の先から必ず戻る矢印が存在する．ある要素から 2 回遷移した先に，その要素から直接遷移できる矢印があれば，そのグラフは推移的であり，以下のグラフはそれらの性質すべてを満たしているので同値関係であることが確認できる．

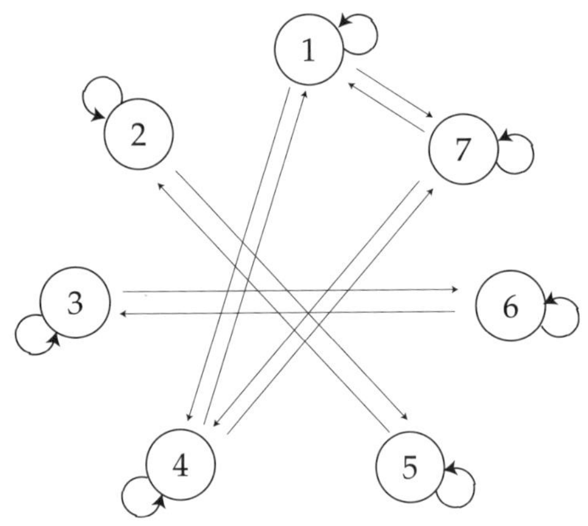

図3.15　関係Rの有向グラフ

(3) $A/R = \{\{1,4,7\},\{2,5\},\{3,6\}\} = \{[1],[2],[3]\}$（ここで，同値類の書き方は，[1]の代わりに[4]や[7]と書いてよい）．■

例題 3-18

集合 $A = \{1,2,3,4,5,6\}$ の上への関係として，以下のものを考える．それぞれが，同値関係になっているかどうか判定せよ．同値関係になっている場合，同値類も示せ．

(1) xR_1y: x と y は等しい

(2) xR_2y: x は y を割り切る

（問題の趣旨：同値関係と同値類の理解）

解答

(1) 同値関係になっている．同値類は，$[1] = \{1\}, [2] = \{2\}, [3] = \{3\}, [4] = \{4\}, [5] = \{5\}$

(2) 対称的ではないので，同値関係にならない．■

以上のように，同値関係と分割は非常に深い関わりがあり，これらの対応をまとめると以下のようになる．

同値関係と分割

集合 A 上の同値関係について，その同値類の集合は A の分割となる．逆に，A の分割から，同じ細胞に属するときに xRy という関係を定義すれば，A 上の同値関係を得ることもできる．

また，この同値関係と分割の対応を用いれば，同値関係の個数を数え上げることもできる．以下の例題でそれを考えてほしい．

例題 3-19

集合 $A = \{1, 2, 3, 4\}$ 上の同値関係は全部でいくつあるか？

（問題の趣旨：分割と同値関係の対応を利用した数え上げ）

解答

同値関係と分割の説明より，同値関係と分割は等価であるので，すなわち考えられる同値関係の個数は，分割の個数に等しくなる．よって，ベル数の考え方を使えば，$B_4 = 15$ となる．■

例題 3-20

以下の関係が同値関係であるか否かを判定せよ．

(1) 正整数上の関係 $R : \{(a, b) \mid a + b = \text{偶数}\}$

(2) $\{(a, b) \mid a$ は b と血縁関係$\}$. ここで血縁関係とは「いとこ」までとする．

（問題の趣旨：同値関係の理解）

解答

(1) a が偶数，奇数いずれであっても，(a, a) すなわち $a + a = \text{偶数}$ となるので反射的である．(a, b) すなわち $a + b = \text{偶数}$ ならば，加算の対称性より a, b を入れ替えても $b + a = \text{偶数}$ となるので (b, a) となり，対称的である．推移的について考える前に，(a, b) が成立するケースを考える．(a, b) すなわち $a + b = \text{偶数}$ となるのは，a と b いずれも奇数であるか偶数であるかの 2 ケースのみである．つまり a が偶数，かつ b が奇数の場合には $a + b = \text{奇数}$ となり，この場合

は $(a,b) \notin R$ となる．ここで，a,b,c いずれも偶数の場合には，$(a,b),(b,c)$ ならば (a,c) なので推移的となる．また a,b,c いずれも奇数の場合には $(a,b),(b,c)$ において，a,c は奇数となるので $a+c=$ 偶数 となる．また，それ以外の組合せについては $(a,b),(b,c)$ の少なくとも一方が成立しない．よって，推移的が成立する．以上より，同値関係である．

(2) 図 3.16 を見ながら解説を読んでほしい．まず，自分自身は自分と血縁関係にあるので $(a,a) \in R$ となり反射的．また自分自身と血縁関係にある人とは，逆に，その人から見ても自分自身は血縁関係となるので，(a,b) ならば (b,a) が成立するので，対称的である．a と b はいとこであるとする．より具体的にイメージするため a のお母さんと，b のお母さんが姉妹の関係であるとする．次に，b と c はいとこであるとする．ここでも，具体的にイメージするために，b のお父さんと，c のお父さんが兄弟の関係であるとする．いま，(a,b) かつ (b,c) は成立しているが，(a,c) が成立するかといえば，そうならない場合が多い．(a,c) が成立するためには，a さんの両親のいずれかと c さんの両親のいずれかが兄弟の関係になければならず，常に成立するわけではないので，推移的ではない．

図 3.16　血縁関係は推移的ではない

■

例題 3-21

$A = \{1, 2, 3, 4, 5\}$ の分割 $\{\{1\}, \{2, 3\}, \{4, 5\}\}$ に対応する同値関係 $R \subset A \times A$ を，順序対の集合の形で求めよ．

（問題の趣旨：同値関係と分割の対応の理解）

解答

$R = \{(1, 1), (2, 2), (2, 3), (3, 2), (3, 3), (4, 4), (4, 5), (5, 4), (5, 5)\}$ ■

3.10　剰余類

任意の集合 A において，A 上の同値関係 R を定義すれば，商 A/R が A の分割に対応することがわかった．では，対象とする集合を整数の集合 $\mathbb{Z}$ とし，これに対して．次のような同値関係による分割を考える．

整数の集合 $\mathbb{Z}$ において，整数 $m > 1$ を考え，$x - y$ が m で割り切れるとき，x は y と m を法として合同であるといい

$$x \equiv y \pmod{m}, \tag{3.5}$$

と書く．これについて，以下が成立する．

剰余類

整数の集合 $\mathbb{Z}$ と整数 $m > 1$ とし，関係 R を

$$x \equiv y \pmod{m} \quad \Leftrightarrow \quad x - y \text{ は } m \text{ の倍数}, \tag{3.6}$$

とすれば，この関係は**同値関係**であり，$\mathbb{Z}$ は

$$\mathbb{Z}/R = \{[0], [1], [2], \ldots, [m-1]\}, \tag{3.7}$$

と類別（分割）される．この (mod m) による同値類を**剰余類** という．

例題 3-22

整数の集合 $\mathbb{Z}$ を (mod 7) で類別するとき，どのような同値類に分かれるのか求めよ．また，35, 41, 53 は，それぞれどの同値類に入るのか調べよ．
（問題の趣旨：剰余類の理解）

解答

剰余類の定義より，

$\mathbb{Z}/R = \{[0],[1],[2],[3],[4],[5],[6]\}$ となる．

35 を 7 で割ると，余りは 0 なので，$35 \in [0]$．同様に 41 を 7 で割ると余りは 6 なので $41 \in [6]$．53 を 7 で割ると余りは 4 なので，$53 \in [4]$ となる．■

第6回目
終了（90分）

3.11　関係の応用事例（関係データベース）

残りは自習で

情報系の人間ならば，必ず1度は「データベース」を取り扱うことになるであろう．世の中にはいろいろな種類のデータベースがあり，階層データベースモデル，ネットワークデータベースモデル，そして関係の応用として最も関連の深い，関係データベースモデル，などがある．関係データベースは，非常に扱いやすいモデルであり，現在の主流となっているものである．この節では，関係データベースについて簡単に紹介する．

関係データベースでは，まずデータを表（テーブルとも言う）に分類して取り扱う．表は行と列から構成され，それぞれの行が1件分のデータに対応し，レコードと呼ばれる．またデータを構成する項目がテーブルの列に対応し，フィールドと呼ばれる．

例えば，読者にとって最も身近な携帯端末内のアドレス帳を管理することを考える．アドレス帳には，「名前」，「読み方」，「メールアドレス」，「電話番号」といった項目のデータが入り，これらの項目が表の列に相当する．また，一人ひとりのデータが，表の個々の行に相当する（例えば表 3.2）．

関係データベースにおける操作として，和，差，積，直積，射影，選択，結合，商，といったものがある．ユーザーはこれらの操作を駆使し，必要な情報

表3.2 アドレス帳

名前	読み方（氏）	読み方（名）	電話番号	グループ	メールアドレス
延原 肇	ノブハラ	ハジメ	090-...	友人	nobuhara@...
情報 太郎	ジョウホウ	タロウ	080-...	友人	info@...
集合 花子	シュウゴウ	ハナコ	090-...	同僚	set@...
論理 義和	ロンリ	ヨシカズ	090-...	同僚	logic@...
積 直子	セキ	ナオコ	070-...	友人	product@...

を抽出することを行っている．これらの操作の中でも，本章に関連の深い3つの演算として**射影**，**選択**，**結合**を紹介する．

射影は，表中の列を抽出する演算であり，例えば「読み方（氏）」のみを取り出す場合に使われる（表3.3）．

表3.3 「読み方（氏）」の射影操作の結果

読み方（氏）
ノブハラ
ジョウホウ
シュウゴウ
ロンリ
セキ

選択は，表中の複数行を抽出する演算であり，例えば表3.4という結果が得られる．

表3.4 選択操作の結果

名前	読み方（氏）	読み方（名）	電話番号	グループ	メールアドレス
延原 肇	ノブハラ	ハジメ	090-...	友人	nobuhara@...
積 直子	セキ	ナオコ	070-...	友人	product@...

さて，アドレス帳のようなシンプルな構造のデータならば，1つの表だけで十分であるが，現実の世界では，複数の表を取り扱わなければならない場合も多い．例えば，表3.5にあるような学籍データが大学の事務に管理されており，

表3.5　学籍データ（大学事務管理）

学籍番号	名前	住所	通学方法
0001	延原肇	東京都・・・	通学
0002	情報太郎	茨城県・・・	通学
0003	集合花子	千葉県・・・	寮
0004	論理義和	群馬県・・・	寮
0005	積直子	埼玉県・・・	通学

表3.6にあるような成績データが教員に管理されているとする．ここで，例えば通学の学生と，寮に入っている学生の成績の分布の違いを知りたい場合には，これらの表を結合すればよい（表3.7）．

表3.6　成績データ（ある教員Aによる管理）

学籍番号	数学	英語
0001	35	30
0002	65	40
0003	90	100
0004	90	95
0005	55	60

表3.7　学籍データと成績データの結合

学籍番号	名前	住所	通学方法	数学	英語
0001	延原肇	東京都・・・	通学	35	30
0002	情報太郎	茨城県・・・	通学	65	40
0003	集合花子	千葉県・・・	寮	90	100
0004	論理義和	群馬県・・・	寮	90	95
0005	積直子	埼玉県・・・	通学	55	60

さらに，結合した表に対して，「通学方法」，「数学」，「英語」について射影の操作をすると，どうやら寮に住んでいる学生の方が，通学している学生より

表 3.8 通学方法，数学，英語に関する射影操作の結果

通学方法	数学	英語
通学	35	30
通学	65	40
寮	90	100
寮	90	95
通学	55	60

も得点が高い傾向にあることが見えてくる（表3.8）．このことより，学生の能力を向上させるためには，入寮を薦めるのが良い戦略である，などの発想が得られることになる．

以上のような関係データベースの操作は，直感的にもわかりやすいが，集合論，関係をはじめとする数学的定義に基づき記述することもできるので，厳密かつ系統的な議論を行う場合にも非常に便利である．

3.12 AIと関係（パターン認識）

デジタルカメラなどで「顔がどこにあるのかを認識する技術」，迷惑メールを自動的に判定する技術，音声で操作できるアプリケーションソフト，指紋認証，顔認証，検索エンジン，日本語変換技術などは，すべてパターン認識という分野でくくることができる．そして，列挙した応用事例からもわかるように，世の中に最も広く浸透している情報系の応用分野の1つでもある．実は，このパターン認識という技術の本質を，関係の考え方で解釈することができる．具体的には，「分割」の考え方が，パターン認識そのものに対応していることになる．例えば，通常のメールと，迷惑メールを分類することを考えてみる．ここで，対象となるメールの集合をSとすれば，迷惑メール判別は，集合Sの要素sが，迷惑メールの細胞A_1とそうでないメールの細胞A_2のどちらに入るかを判断することになる．つまり，パターン認識とは，SをA_1とA_2に分割することにほかならない（図3.17）．

パターン認識の初期の頃，郵便番号の自動読み取り装置の開発研究が行われ

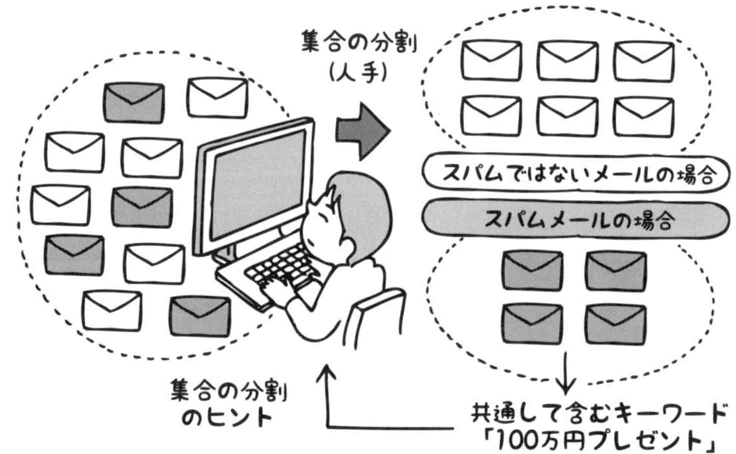

図 3.17　スパムメールの判断およびルール抽出

ていた．これは，対象とするハガキの集合を S とし，それを第一段階で大きく都道府県に区分することを考えれば $A_1 \sim A_{47}$（読み取れない郵便番号，存在しない郵便番号の場合は「不明」という細胞 A_{48} を準備する必要もある）という細胞に分割することに対応する．

同様に音声認識では，細胞 A_1 に「おはよう」，細胞 A_2 に「こんにちは」，細胞 A_3 に「こんばんは」，そして細胞 A_4 に不明，という集合を準備し，入力された音声を，これら4つの細胞のどれに属するのかを判定することに対応させれば，挨拶認識アプリケーションが実現できる．

さて，分割が定義できれば同値関係 R を定義することができ，逆に同値関係 R を定義することができれば分割が定義できるようになることは，すでに述べたとおりである．つまり，**パターン認識とは適切な分割を行うための同値関係を見つけることである**，とも言える．

ではパターン認識のどこが一体難しいのか？と疑問に思う読者も多いと思う．実は，分割を定義する「同値関係」を見つけるのが，パターン認識では非常に難しいプロセスとなる．例えば，迷惑メールの場合において，ある新しいメールが到着する場面を考えよう．それを迷惑メール A_1 とそうでないメール A_2 のどちらに入るのかを判断する場合，人間が読んで判断すれば簡単であるが，コンピュータにそれをやらせようとするときには，何らかの手がかりに基づき判断を下さなければならない．例えば，迷惑メールの細胞 A_1 に属するメールが共通して持っていて，そうでないメールの細胞 A_2 に属するメールが絶対に持っていないもの，である．例えば，迷惑メール A_1 の中に入っているメールに共通するキーワードとして，例えば「100 万円プレゼント」などが見つかったりするので，これを関係 R の 1 つのルールとして利用すればよいことになる．

ただし，一般的に，それは明示的ではなく，潜在的な構造として潜んでいるものである．そして，それを見つけ出すのがパターン認識に関わる優れた研究者なのである．現在では，パターン認識に対する要求が非常に高度になってきており，このような潜在的な構造を 1 つの手がかり（キーワードなど）で明快に細胞に分割することが難しくなっている．このような要求に応えるため，統計的なアプローチを利用したり，また，人間の主観を積極的に反映させるため，集合の境界をぼかすファジィ集合の理論などが登場している．これらについては，本書の取り扱いの範囲を大きく超えてしまうため，興味のある読者は専門書をひもといてほしい．

参考文献

[1] Seymour Lipschutz（著），成嶋 弘（翻訳），「離散数学—コンピュータサイエンスの基礎数学（マグロウヒル大学演習）」，オーム社 (1995)（特に第 2 章）．

[2] 石村 園子，「やさしく学べる離散数学」，共立出版 (2007)（特に第 2 章）．

[3] 牧野和久，「基礎系 数学 離散数学 (東京大学工学教程)」，丸善出版 (2020)（特に第 3 章）．

[4] 青木利夫，高橋渉，平野載倫，「演習・集合位相空間」，培風館 (1985)（特に第 2 章）．

[5] 石井 健一郎，前田 英作，上田 修功，村瀬 洋，「わかりやすいパターン認識」，オーム社 (1998).

[6] 水本 雅晴，「ファジイ理論とその応用」，サイエンス社 (1988)

[7] 増永良文（著）「リレーショナルデータベース入門—— データモデル・SQL・管理システム」．サイエンス社 (2003)

第4章

写像

4.1　はじめに

本章では，関係のさらに特別な形である**写像**について説明を行う．平たく言うと，写像とは，ある2つの集合に関して，それぞれの要素を対応させるものである．これにより，集合の大きさ（濃度）を比較することができる．例えば，こどもの頃，兄弟あるいは友達どうしでブロック，積木を奪い合い，どちらが多く所有しているのかを競った思い出は，誰でも持っていると思う．この比較・争い（「数は力」という考え）は，写像の考え方によってはじめて数学的に表現できる（図4.1）．

図4.1　こどものおもちゃの数の比較：数は力？

第7回目
開始（0分）

写像の事例はこどもの世界だけではなく，大人の世界でも多く見られる．例えば政治における選挙などで，各党が自分たちの議席の数を争うシーンがそれに対応し，ここでは，意識しないうちに写像の考え方を適用しているといってよい．また情報系の分野では，写像がないと機能しない技術も多い．例えば，われわれが日々利用している電子メールなどは，相手にうまく送信されない，新幹線のチケット予約などもうまく機能しない，など大混乱に陥ってしまう．このように写像の考え方は非常に素朴な考え方であるが，世の中においてはなくてはならない重要な数学の１つである．

4.2 写像・関数・変換

写像の実体は，以下のような条件を満たす特別な関係である．

写像

2つの集合 A から B への**関係**のうち，集合 A の各要素に，それぞれ B の要素がただ１つ対応している関係を A から B への**写像**という．このとき，集合 A は**定義域**と呼ばれ，集合 B は**値域**あるいは**像**と呼ばれる．通常，写像を f や g などで表す．f が A から B への写像ならば

$$f : A \to B,$$

と書く．ここで，a の対応先が b のとき $b = f(a)$ と書き，またこれらは関数 f の要素でもあるので順序対 (a, b) あるいは $(a, f(a))$ と書くこともできる．定義域 A の写像後の集合を $f(A)$

$$f(A) = \{b \mid b = f(a), a \in A\} \ \ (\subset B),$$

で表す．

この定義で注意しなければならない点は，定義域の集合 A におけるどの要素にも，対応する集合 B の要素が存在すること，そして，それがただ１つであること，である．もし集合 A において，何も対応のない要素がある場合，あるい

は対応する集合 B の要素が2つある場合などは，写像にならない．

写像の代わりに，**関数**あるいは**変換**などの用語が用いられる場合がある．例えば，ある実数 x に対して $2x+1$ を対応させれば，実数の集合 $\mathbb{R}$ から $\mathbb{R}$ への写像が得られる．このような $\mathbb{R}$ から $\mathbb{R}$ への写像 $f(x)=2x+1$ は，読者が高校などで学んだ際には**関数**（あるいは1価関数）と呼ばれているものになる．

さて，A,B を任意の集合とし，B の元 b_0 を1つ決め，A の任意の元 a に対して $g(a)=b_0$ となるように定義すれば，g は A から B への写像となる．ここで g は A のどんな元に対しても b_0 となる．このような写像を**定値写像**と呼ぶ．また，A を任意の集合とし，A の各要素 a に a 自身を対応させれば，これも A から A への写像となる．この写像を，A の上の**恒等写像**と呼ぶ．

例題 4-1

$\mathrm{X}=\{1,2,3,4\}$ とする．次の各関係が X から X への写像であるか否かを判定せよ．

(a) $f=\{(2,3),(1,4),(2,1),(3,2),(4,4)\}$

(b) $g=\{(3,1),(4,2),(1,1)\}$

(c) $h=\{(2,1),(3,4),(1,4),(4,4)\}$

（問題の趣旨：写像の定義の理解）

解答

(a) ×．理由：(2,3) と (2,1) という定義域の1要素から値域の複数要素への対応が存在するため．

(b) ×．理由：定義域の2に対応する値域の要素がないため．

(c) ○．■

4.3　単射・全射・全単射

写像の実体が，関係の特別な形であることが明らかになり，またその厳密な定義も行った．ここでは，さらに特別な性質を持つ写像について紹介する．具体的には，以下の3つである．

単射・全射・全単射

A から B への写像を f とする．

(1) 定義域 A の異なる要素が異なる像を持つならば，写像 f は**単射**という．言い換えれば $a_1, a_2 \in A$ について，

$$a_1 \neq a_2 \quad \text{ならば} \quad f(a_1) \neq f(a_2),$$

が成り立つとき，単射という．図 4.2 に単射の一例を示す．

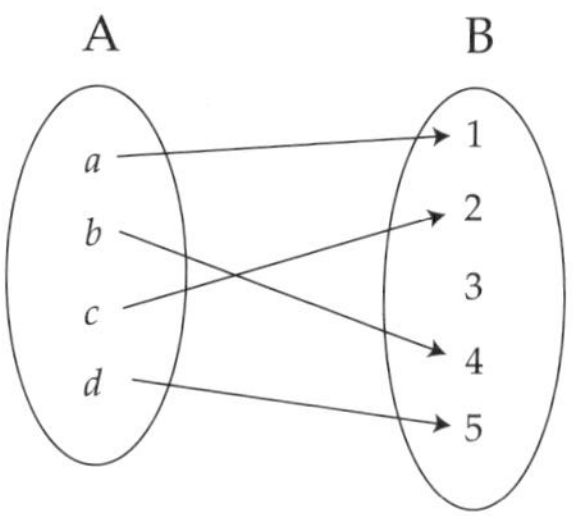

図 4.2　単射の一例

(2) 値域 B の各要素が A のある要素の像となっているとき，写像 f は**全射**という．言い換えれば

$$\forall b \in B, \exists a \in A, \quad b = f(a),$$

が成り立つとき，全射という．図 4.3 に全射の一例を示す．

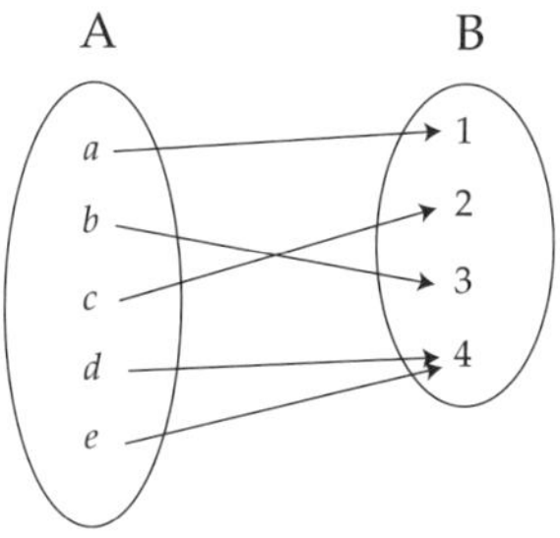

図 4.3　全射の一例

(3) f が単射かつ全射のとき，**全単射**という．また別の言い方で**1対1対応**ともいう．図 4.4 に単射の一例を示す．

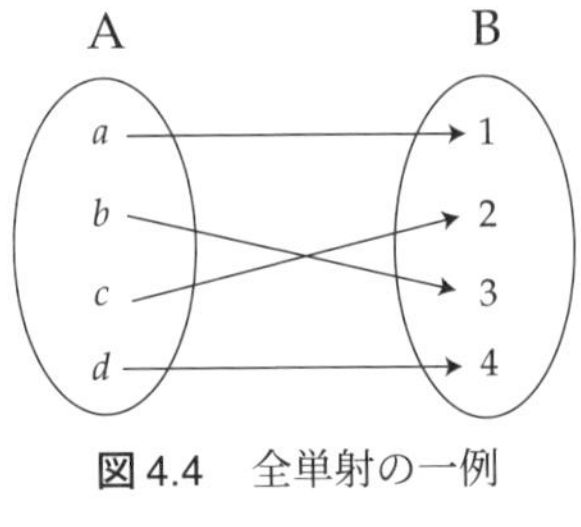

図 4.4　全単射の一例

これらの写像が，われわれの日常生活と縁遠いような印象を持つ読者もいるかもしれない．決してそのようなことはなく，例えば，電車の指定席のチケットの番号と，電車のシートの対応などは全単射であり，チケットとシートが1対1対応していなければ，同じシートに2人の乗客が発生してしまうことになり混乱が起きてしまう（図 4.5）．

図 4.5　1対1対応なら並ばなくてよいのでゆっくりできる

集合 A から集合 B への写像 f の逆写像 f^{-1} は B から A への写像である．ただし，f により A から B へ写像し，さらに f^{-1} により B から A へ写像すると，A のどの要素も，自分自身へ写像されるようなものでなければならない．ここでは，写像 f という関係の逆関係が逆写像 f^{-1} に対応することになる．どんな写像にも逆写像が存在するわけではなく，以下の条件を満たさなければならない．

逆写像

写像 $f: A \to B$ の逆関係 $f^{-1}: B \to A$ が写像となるための必要十分条件は f が A から B への全単射であることである．またそのとき f^{-1} は B から A への全単射となる．これを f の**逆写像**という．

これらの定義を確認するために，以下に多くの例題を準備したので，それらを通して理解を深めてほしい．

第7回目
30分経過

例題 4-2

A を学生の集合とする．次の割り当てのうちどれが A からの写像を定義するか判定せよ．

(a) 各学生に対して，学生の年齢を割り当てる

(b) 各学生に対して，学生の受講している授業を割り当てる

(c) 各学生に対して，学生の配偶者を割り当てる

（問題の趣旨：写像の定義の理解）

解答

(a) ○.

(b) ×．理由：各学生が，2つ以上の授業を受講している場合があるから．

(c) ×．理由：未婚の学生がいるかもしれない．■

例題 4-3

$A = \{a, b, c\}$, $B = \{1, 2, 3, 4\}$ について，次の関係は写像であるか否かを判定せよ．また写像の場合は，単射か，全射かを調べよ．

(a) $R_1 = \{(a, 3), (b, 2), (c, 4)\} \qquad (\subset A \times B)$

(b) $R_2 = \{(a, 1), (a, 3), (b, 2), (c, 4)\} \qquad (\subset A \times B)$

(c) $R_3 = \{(1, c), (2, a), (4, b)\} \qquad (\subset B \times A)$

(d) $R_4 = \{(1,b),(2,c),(3,a),(4,c)\}$　　$(\subset B \times A)$

(e) $R_5 = \{(1,a),(2,a),(3,c),(4,c)\}$　　$(\subset B \times A)$

（問題の趣旨：写像の定義および単射，全射の定義の理解）

解答

(a) 写像である．単射であるが集合 B のすべての要素に対応があるわけではないので，全射ではない．

(b) 写像ではない．要素 a から複数の要素に対応があるため．

(c) 写像ではない．要素 3 に対応する要素がないため．

(d) 写像である．2 と 4 が同じ c に対応しているため，単射でなく全射である．

(e) 写像である．1 と 2 あるいは 3 と 4 が同じ要素に対応しているため，単射でなく b に対応する要素がないため全射でもない．■

例題 4-4

次の関数が写像であるか否かを判定せよ．写像の場合，単射か，全射か，そのいずれでもないか，を判定せよ．

(1) $f_1 : \mathbb{R} \to \mathbb{R},\ f_1(x) = x + 1$

(2) $f_2 : \mathbb{N} \to \mathbb{N},\ f_2(n) = n + 1$

(3) $f_3 : \mathbb{Z} \to \mathbb{N},\ f_3(n) = n^2$

(4) $f_4 : (-\frac{\pi}{2}, \frac{\pi}{2}) \to \mathbb{R},\ f_4(x) = \tan(x)$

(5) $f_5 : \mathbb{R} \times \mathbb{R} \to \mathbb{R},\ f_5(x, y) = xy$

(6) f_6 : 日本人すべての集合 $\to \{0, 1, 2, \ldots, 1000\},\ f_6(x) = x$ の年齢

（問題の趣旨：写像の定義および単射，全射の定義の理解）

解答

(1) 写像である．単射であり，全射である．

(2) 写像である．単射であるが，値域における $1 \in \mathbb{N}$ に対応する定義域の要素がないので，全射ではない．

(3) 写像ではない．定義域における $0 \in \mathbb{Z}$ に対応する値域の要素がない

(4) 写像である．単射であり全射である．

(5) 写像である．単射でなく全射である．

(6) 写像である．単射でなく全射でもない．■

例題 4-5

次に示す，$\mathbb{R} \to \mathbb{R}$ の写像 4 つについて，逆写像が存在するか否かを示せ．存在しない場合は，その理由も述べよ．

(1) $f(x) = 2^x$,　(2) $g(x) = \sin x$,　(3) $h(x) = x^2$,　(4) $i(x) = 2x + 1$.

（問題の趣旨：逆写像の定義の理解）

解答

(1) ×. 値域の負領域が網羅されていないから.

(2) ×. 定義域側の異なる 2 つの要素，例えば，$x = 0$ と $x = 2\pi$ が同じ値域の値をとるため.

(3) ×. 定義域側の異なる 2 つの要素が，値域の同じ値をとる，また値域の負領域が網羅されていないため.

(4) ○. ■

4.4 写像の合成

繰り返しになるが，写像は関係の特別な形として定義される．よって，写像の合成についても，関係の合成と同じように求めることができる．

写像の合成

A, B, C を 3 つの集合とし，A から B への写像を f，B から C への写像を g とする．ここで，A の各元 a に対して，f による像として B の元 $f(a)$ が定まり，さらに $f(a)$ の g による像として C の元，$g(f(a))$ が定まるので，すなわち a に $g(f(a))$ を対応させる A から C への写像 $h : A \to C$ を考えることができる．この写像 h を，f と g との**合成写像**または**積**といい，$g \circ f$ または (gf) で表す．

例題 4-6

図4.6に示すように，写像 $f : A \to B$ と $g : B \to C$ を定義する．f と g の写像の合成 $g \circ f$ を求めよ．

（問題の趣旨：写像の合成の理解）

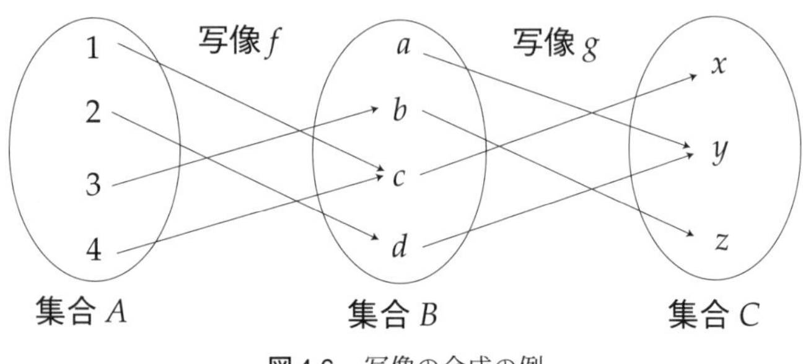

図4.6　写像の合成の例

解答

写像の合成の定義に従えば，$g \circ f = \{(1, x), (2, y), (3, z), (4, x)\}$ が得られる．■

写像のうち，単射，全射，全単射という特別な性質を持つものがあり，それらの性質を持つ写像を合成した結果が，どのような性質になるのか考えることも興味深い．以下，それらについてまとめておく．

合成写像の性質 (1)

A, B, C を3つの集合とし，A から B への写像を f，B から C への写像を g とする．

(1) f と g がともに全射ならば，$g \circ f$ は全射である．

(2) f と g がともに単射ならば，$g \circ f$ は単射である．

(3) f と g がともに全単射ならば，$g \circ f$ は全単射である．

合成写像の性質 (2)

複数の写像を合成する場合，合成した結果は順番に依存しない．つまり任意の写像 f, g, h について，

$$(h \circ g) \circ f = h \circ (g \circ f),$$

が成立する．

例題 4-7

$A = \{1,2,3,4\}$, $B = \{a,b,c,d\}$, $C = \{w,x,y,z\}$ とする．写像 $f : A \to B$ を $f = \{(1,b),(2,c),(3,d),(4,a)\}$, $g : B \to C$ を $g = \{(a,x),(b,y),(c,z),(d,w)\}$, $h : C \to A$ を $h = \{(w,4),(x,2),(y,1),(z,3)\}$ と定義する．

(1) 上記の写像 f, g について，合成写像の性質 (1) の中の (1)–(3)（例えば，性質 (3) の場合は，「f と g がともに全単射ならば，$g \circ f$ は全単射である」こと）を確認せよ．

(2) $h \circ g$ を求めよ．この結果と，(1) の結果の $g \circ f$ を用いて，$(h \circ g) \circ f$ および $h \circ (g \circ f)$ を，それぞれ求めよ．この結果から，合成写像の性質 (2), すなわち，「写像の合成した結果は順番に依存しない」が成立することを確認せよ．

解答

(1) 写像の合成に基づいて $g \circ f$ を求めると

$$g \circ f = \{(3,w),(4,x),(1,y),(2,z)\},$$

となり，定義域 A の異なる要素が，それぞれ異なる像を持つので単射であり，また C の要素がすべてカバーされているので全射でもあるので，全単射になっていることが確認できる．

(2) については，(1) で得られた $g \circ f$ を使って，$h \circ (g \circ f)$ を求めると，

$$h \circ (g \circ f) = \{(1,1),(2,2),(4,3),(3,4)\},$$

が得られる．一方，

$$h \circ g = \{(b,1),(a,2),(c,3),(d,4)\},$$

で，ここから $(h \circ g) \circ f$ を求めると

$$(h \circ g) \circ f = \{(1,1),(2,2),(4,3),(3,4)\},$$

となり，写像の合成した結果は順番に依存しないことがわかる．■

4.5　写像と鳩の巣原理

本章の冒頭で述べた，こどもの頃，兄弟あるいは友達どうしでブロックを競うように奪い合った思い出について，もう一度考えてみる．ここでは，数を比較しやすいように，自分自身のブロックと相手のブロックをそれぞれ並べ，双方のブロックを1つずつ対応させてゆくことを考える．もし，ここで自分自身のブロックの中に，相手のブロックと対応のつかない余ったブロックがあれば，自分の所有するブロックの方が多いと感じる．逆に，相手の持っているブロックの中に，自分のブロックに対応しないものがあれば，相手の所有するブロックの方が多いと感じることになる．

これを，数学的に述べると，自分自身の持っている各ブロックと相手の各ブロックに対応をつけ，その対応が単射，全射，あるいは全単射のいずれであるかを判定することで，優越感を抱いたり，劣等感を抱いたり，あるいは平等を感じたりしている，ということになる．

ブロックの数の比較というのは，お互いの所有するブロックの集合の濃度の比較を行っていることに対応するが，実は上記の例のように写像の観点から集合の濃度の大小を比較することができる．これを以下にまとめる．

写像と集合の濃度

A と B が有限集合で，f が A から B への写像であるとする．このとき f が全射ならば $|A| \geq |B|$，単射ならば $|A| \leq |B|$，全単射ならば $|A| = |B|$ となる．

ここで，「f が単射ならば $|A| \leq |B|$」の対偶命題（条件命題 $p \to q$ に対して $q' \to p'$ を対偶命題と呼び，$p \to q = q' \to p'$ となる．第2章を参照）を考えると以下のようになる．

鳩の巣原理

A と B が有限集合で，$|A| > |B|$ を満たすならば，A から B への任意の写像 f に対して $f(x) = f(y)$ となる A の異なった要素 x と y が存在する．

この定理は，**鳩の巣原理**と呼ばれる．名前のとおり，A を鳩の集合，B を鳩の巣の集合とし，鳩を巣に対応させる写像 f を考えると，鳩の数が巣の数よりも1つでも多ければ，少なくとも2羽の鳩が入っている巣が存在する，ということからきている（図4.7）．この応用例として，以下のような問題を考えることができる．

図 4.7 鳩と巣の様子．大きさは重要ではない．数が重要．

例題 4-8

あるデパートにおいて，左右の区別のないブランド品の白い靴下と黒い靴下のバーゲンセールが行われることになった．今，白い靴下と黒い靴下が，バーゲンセールのワゴンの中にたくさん入っているが，ワゴンに群がる人々で，ワゴンの中身がよく見えない状態である．このワゴンの中から色がわからない状態で靴下を取り出し，同じ色の靴下をそろえるためには最低何本の靴下を取り出せばいいか.
（問題の趣旨：鳩の巣原理の理解）

解答

答えは3本. 3本取り出せばその取り出し方は（白, 黒）＝（3, 0),（2, 1),（1, 2),（0, 3）の4通りになる. いずれの場合でも白か黒の靴下は少なくとも2本含まれているため同じ色の靴下が履けることになる.

この問題のポイントは, 鳩の集合を取り出す靴下の集合に対応させ, 巣の集合を色の種類に対応させることにある. 巣の集合の濃度は2（白黒2種類）であるので, 鳩の数はそれよりも多い3に設定すればよいことになる. ■

例題 4-9

1から10までの整数の中から相異なる6個の整数を選ぶと, それらの中には和が11になる2つの数が必ず含まれている. このことを示せ.
（問題の趣旨：鳩の巣原理の理解）

解答

2つの数の和が11となるペアは$\{1,10\}$, $\{2,9\}$, $\{3,8\}$, $\{4,7\}$, $\{5,6\}$の5個である（これらが鳩の巣に対応）. 相異なる6個の整数を選んだとしたら（これらが鳩に対応), 鳩の巣原理によりこの5個のペアのどれかに2個の数が含まれることになり, この2つの数は和が11となる2つの数だからそれらの数の和は必ず11となる. ■

例題 4-10

図4.8に示すような3×3の正方形内に10個の点を配置した際, その中で距離が$\sqrt{2}$以下となる点のペアが必ず存在することを示せ.
（問題の趣旨：鳩の巣原理の応用）

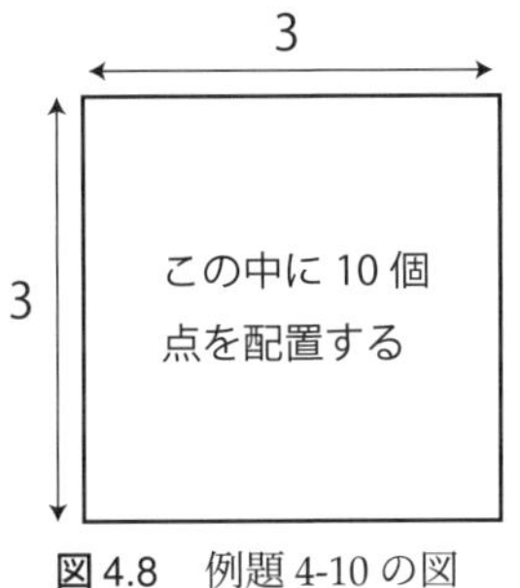

図 4.8 例題 4-10 の図

解答

まず，図 4.9 に示すように，大きな正方形の中に，長さ 1 となる正方形ができるように補助線を引く．これによって，1×1 の大きさの正方形が 9 つできることになる．ここで，1×1 の正方形を鳩の巣と考えると，巣は 9 つできることになる．

図 4.9 補助線を引いた様子

次に，大きな正方形のどんな場所でも良いので，10 個の点を打ち込む．ここで，10 個の点を鳩として考えると，鳩の巣原理より，どこかの巣には，必ず 2 点以上打ち込まれることになる．

では，小さな正方形について，2 点が存在すると考えたとき，この 2 点をできるだけ引き離そうとすれば，どのような配置になるのかといえば，正方形の向かい合った頂点に 2 点を配置した場合となる．つまり，この 2 つの点の間の距離を最大にしようとすると $\sqrt{2}$ となり，その他の配置を考えた場合には，2 点間の距離は $\sqrt{2}$ 以下になることが示せる．

さて，この例題4-10は，非常に示唆的である．例えば，新型ウイルスの影響で，ある会場でのイベントの参加人数を制限しなければならないときに，その会場において，何人以上参加してしまうと，参加者の間の距離が十分に保てなくなるといった，見積もりを出すことができる．今後，皆さんの身の回りでのイベントにおいて，参加者の間の距離が十分に保つために入場制限などが行われる場合に，それが妥当かどうか，鳩の巣原理を使ってぜひ考えてみてほしい（図4.10）．■

図4.10　ハトの巣原理を使えば政策の妥当性を検証できる

第7回目
終了（90分）

4.6　置換

第4回目
開始（0分）

本棚の本の位置の並べ替え，スケジュールにおける各項目を並べ替え，など，日常生活において，集合の要素を並べ替える操作が頻繁に行われている．これを**置換**と呼び，写像の特別な形として以下のように定義できる．

n次の置換

集合$\{1, 2, \ldots, n\}$上の全単射写像をn**次の置換**という．

具体例として$n = 5$の場合について考える．この場合，集合として$\{1, 2, 3, 4, 5\}$

を考えることになる．これを，定義域および値域に対応させ，その間の写像を考える．もし，この写像が全単射写像であるとすれば，すべて1対1に対応し，またどの要素もカバーされていることになる．その1例として $f = \{(1,2),(2,4),(3,3),(4,5),(5,1)\}$ が挙げられる．ここで，第一項を上段，第二項を下段に対応させると，

$$\begin{pmatrix} 1 & 2 & 3 & 4 & 5 \\ 2 & 4 & 3 & 5 & 1 \end{pmatrix},$$

のように，上と下に対応関係を表して書くことができる．つまり上段から下段に要素を並べ替える操作に対応し，このような並べ替える操作を行う写像を**置換**と呼ぶ．この場合，列の順番は重要ではなく，上下の対応関係が重要であり，例えば，

$$\begin{pmatrix} 3 & 1 & 5 & 2 & 4 \\ 3 & 2 & 1 & 4 & 5 \end{pmatrix},$$

と書いても，前述の置換と本質的に違いはない．上と下が同じである置換

$$\begin{pmatrix} 1 & 2 & 3 & 4 & 5 \\ 1 & 2 & 3 & 4 & 5 \end{pmatrix},$$

を**恒等置換**と呼ぶ．これら置換をすべて集めたものを置換全体と呼び，以下のような性質を持つ．

置換全体

n 次の置換全体を S_n で表す．S_n は $n!$ 個の要素を持つ集合となる．

例題 4-11

3次の置換全体 S_3 の要素をすべて求めよ．

（問題の趣旨：置換全体の理解）

解答

上段を1,2,3に固定し，対応する下段の要素を入れ替え，考えられるすべての組合せを挙げると，以下6種類となる．

$$\begin{pmatrix} 1 & 2 & 3 \\ 1 & 2 & 3 \end{pmatrix}, \quad \begin{pmatrix} 1 & 2 & 3 \\ 1 & 3 & 2 \end{pmatrix}, \quad \begin{pmatrix} 1 & 2 & 3 \\ 2 & 1 & 3 \end{pmatrix},$$

$$\begin{pmatrix} 1 & 2 & 3 \\ 2 & 3 & 1 \end{pmatrix}, \quad \begin{pmatrix} 1 & 2 & 3 \\ 3 & 1 & 2 \end{pmatrix}, \quad \begin{pmatrix} 1 & 2 & 3 \\ 3 & 2 & 1 \end{pmatrix}. \quad \blacksquare$$

置換に関しては興味深い応用事例がたくさんある．ここでは，そのうちの2つを紹介する．

▮例1▮　タイプミス

情報系における日常的な置換に関連する事例としては，「入力ミス」（タイプミス）などが挙げられる．例えば，「those」とタイプすべきところ，焦ってしまい「htose」（tとhが逆）と入力してしまったりするパターンは，置換写像の1つに対応する．このパターンの入力ミスの候補の数は，文字数nとすれば置換全体S_nの濃度に対応することになるので，この「those」という5文字だけでも，候補として，$5! = 120$個も存在することになる．6文字ですべての文字が異なる場合には，720個，7文字の場合には5040個存在する．

入力ミスについては，たかが入力ミスと思うかもしれない．しかし，実際のところ，われわれユーザーは毎日信じられないほどのタイプミスを繰り返しており，ワープロや検索エンジンなどの自動修正機能やサジェスト機能は，これらのタイプミスを前提とした設計を行わなければならない．このような場合に，写像という考え方は非常に強力なツールとなるのでぜひとも覚えておいてほしい（図4.11）．

▮例2▮　パズルにおける置換

何かの役割分担を決めたり，プレゼントの当選を決めたりする場合に，アミダくじを利用する読者も多いと思う．ちなみに，アミダくじの「アミダ」は，

図 4.11 サジェスト機能があれば漫才のツッコミも簡単に実現？

阿弥陀如来に由来していると言われている．現在のアミダくじと異なり，当初は，真ん中から外に向かって放射線状に人数分の線を書いて，その間に線を入れたものを利用していたそうであり，形状が阿弥陀如来の後光に似ているところから，この名前がついたそうである．

さて，このアミダくじを作る際，まず人数分の平行な線を引く．これに対して，垂直（でなくてもよいが）に隣り合う 2 本の平行線を結ぶように引く．この垂直な線を引く操作を何回か行うことで，アミダくじが得られる．このアミダくじの作成過程における，垂直な線を引く操作は，隣り合う要素を交換する置換写像になっている．また，アミダくじ全体は，置換写像の合成にほかならず，そして 1 対 1 対応になっている（図 4.12）．

同様に，スライドゲームも置換によって表現できる．スライドゲームは，いろいろなサイズがあるが，図 4.13 に示すのは，3 × 3 のマスに 8 枚のピースが入っており，それぞれのピースには，1 から 8 までの数字が記載されているものである．

このスライドゲーム，完成形の状態から一旦，ケースの外にすべてのピースを取り出し，適当にもとのケースに戻すと，確率 1/2 で完成形に戻すことができない．しかし，その状態から，2 枚のピースを入れ替えるだけで，完成形に

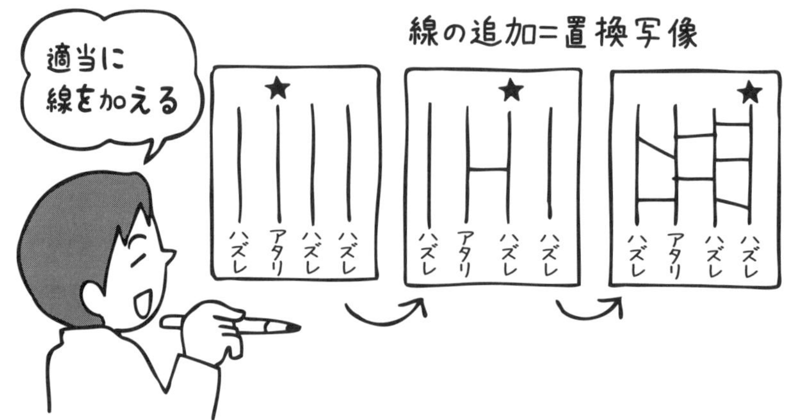

図4.12　アミダくじの作成過程

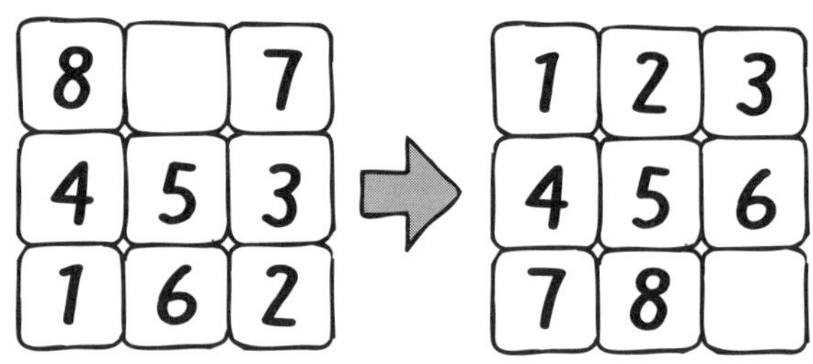

図4.13　スライドゲームの1例

戻すことができるようになる．このような仕組みも，実は置換写像の数理を用いると明快に説明できるようになる．ここでは詳細は説明しないが，興味ある読者はこれに関してじっくりと取り組んでみてほしい．

置換も写像の特別な形であるので，合成を行うことができる．置換の場合，合成を積と呼ぶことが多い．また，置換の逆写像のことを逆置換と呼ぶことが多い．以下それらをまとめる．

置換の積・逆置換

$\sigma, \varphi \in S_n$ とする．

(1) 置換 σ と φ を続けて行った置換を σ と φ の**積**といい，$\varphi \circ \sigma$ で表す．

(2) 置換 σ の逆の対応で決まる置換を σ の**逆置換**といい，σ^{-1} で表す．

例題 4-12

2つの置換

$$\sigma = \begin{pmatrix} 1 & 2 & 3 & 4 & 5 & 6 \\ 3 & 6 & 4 & 5 & 1 & 2 \end{pmatrix}, \qquad \varphi = \begin{pmatrix} 1 & 2 & 3 & 4 & 5 & 6 \\ 2 & 4 & 6 & 5 & 3 & 1 \end{pmatrix},$$

を考える．$\varphi \circ \sigma$，σ^{-1} を求めよ．

解答

写像の合成の定義に基づき丁寧に考えればよい．例えば，$\sigma(1) = 3$ であり，$\varphi(3) = 6$ となるので，$\varphi \circ \sigma(1) = 6$ となる．このように求めてゆけば，以下のような積が得られる．逆置換は，上段と下段を入れ替えて，上段を昇順に並べ替えれば，以下のように求まる．

$$\varphi \circ \sigma = \begin{pmatrix} 1 & 2 & 3 & 4 & 5 & 6 \\ 6 & 1 & 5 & 3 & 2 & 4 \end{pmatrix}, \qquad \sigma^{-1} = \begin{pmatrix} 1 & 2 & 3 & 4 & 5 & 6 \\ 5 & 6 & 1 & 3 & 4 & 2 \end{pmatrix}. \quad \blacksquare$$

第8回目
30分経過

4.7 集合の濃度と全単射写像について

4.5節において，こどものおもちゃの数の比較の事例を挙げるとともに，集合の濃度と写像の深い関わりについて述べた．ここでは，集合の濃度と全単射写像についてさらに深く解読し，無限という考え方について展開する．

濃度と全単射写像

2つの集合 A と B の間に全単射写像が存在するとき，A と B は同じ**濃度**である．

濃度という言葉は，第1章にてすでに登場済みであるが，ここでもう少し詳しく説明する．濃度は「集合の要素の個数」を無限集合にまで拡張した概念である．ある自然数nを考え，1からnまでを集めた集合$A = \{1, 2, \ldots, n\}$と同じ濃度を持つ集合は有限集合になる．つまり，要素の個数はnであり，濃度nを持つという．一方，無限集合である自然数全体$\mathbb{N} = \{1, 2, 3, \ldots\}$と同じ濃度を持つ集合を**可算無限集合**（これも登場済）といい，可算濃度$\aleph_0$（アレフゼロ）を持つという．濃度$\aleph_0$を持つ集合は無限集合であるが，添え字に

$$a_1, a_2, a_3 \ldots, a_n, \ldots$$

のように自然数で背番号をふることで，番号づけ可能な集合になっている．自然数の集合$\mathbb{N}$以外にも，整数の集合$\mathbb{Z}$や有理数の集合$\mathbb{Q}$も可算無限集合である．

例題 4-13

整数の集合$\mathbb{Z}$の濃度が$\aleph_0$であることを示せ．

※ヒント：自然数の集合を定義域，整数の集合を値域とし，その間に全単射写像をうまく作ればよい

（問題の趣旨：濃度と全単射写像の関係の理解）

解答

自然数の集合$\mathbb{N} = \{1, 2, 3, 4, 5, \ldots\}$の各要素に対して，$\mathbb{Z} = \{0, 1, -1, 2, -2, \ldots\}$を対応させるとよい．具体的な写像$f : \mathbb{N} \to \mathbb{Z}$として，

$$f(n) = \begin{cases} n/2 & n\text{が偶数}, \\ (1-n)/2 & n\text{が奇数}, \end{cases}$$

と設定すればよい．もちろん，これは1つの解答例であり，ほかにもいろいろ設定することができる．■

数の集合として，$\mathbb{N}, \mathbb{Z}, \mathbb{Q}$のほかにも$\mathbb{R}$や$\mathbb{C}$といった集合があるがこれらは可算無限とは異なる濃度を持つ．この違いを以下にまとめる．

可算濃度と連続濃度

実数集合 $\mathbb{R}$ は，可算無限集合ではなく，$\aleph_0$ より真に大きな濃度を持つ．すなわち，$\mathbb{Z}$ から $\mathbb{R}$ への全射は存在しない．

$\mathbb{R}$ と同じ濃度を持つ集合を，$\aleph$（アレフ）を持つ集合という．$\aleph_0$ を**可算濃度**というのに対し，$\aleph$ を**連続濃度**（あるいは**連続体の濃度**）という．

4.8 写像による集合の表現

第 1 章において，集合の表現方法をいくつか示したが，写像を利用することでも集合を表現できる．具体的には，写像の定義域を集合の要素，値域は $\{0,1\}$ でそれぞれ表現し，その要素が集合に属する場合に 1，属さない場合に 0 になるように写像を定義する．例えば，$A = \{1,2,3,\ldots,10\} \subset \mathbb{N}$ は，写像 $f_A : \mathbb{N} \to \{0,1\}$ で，

$$f_A(x) = \begin{cases} 1 & 1 \le x \le 10, \\ 0 & \text{others}, \end{cases}$$

と定義する．この写像のことを，集合 A の**特性関数** f_A と呼ぶ．この特性関数が定義されると集合 A が定まり，逆に集合 A が定まれば，この特性関数を定義することができる．特性関数の値域として，$\{0,1\}$ としているが，その他の集合（例えば $[0,1]$）を設定することもできる．同様に，定義域の集合として，数の集合に限定する必要はなく別の集合に設定してもよい．

例題 4-14

定義域を $\mathbb{Z}$，値域を $\{0,1\}$ として，(a) $A = \{-2,-1,0,1,2\}$ (b) 偶数の集合 B (c) 自然数の集合 C を特性関数で表現せよ．

（問題の趣旨：写像による集合の表現の理解）

解答

$$\text{(a)}\quad f_A(x) = \begin{cases} 1 & -2 \leq x \leq 2, \\ 0 & \text{others.} \end{cases}$$

$$\text{(b)}\quad f_B(x) = \begin{cases} 1 & x\text{は偶数}, \\ 0 & x\text{は奇数}. \end{cases}$$

$$\text{(c)}\quad f_C(x) = \begin{cases} 1 & x > 0, \\ 0 & \text{others.} \end{cases}$$

■

第8回目
60分経過

4.9　写像の応用事例

4.9.1　郵便と携帯とURL

皆さんが普段から利用している郵便は，送付先が近くでも，遠くであっても，郵便番号や住所を正確に記載しておけば，きちんと届く．普段はあまり意識していないかもしれないが，郵便がきちんと届くのは，郵便局という組織が，定義域として住所，値域に実際のポストを対応させる全単射写像をきちんと管理しているからにほかならない．もし，この写像が全射だとしたら，世の中はどうなるであろうか？その場合は，異なる住所に同じポストが割り当てられてしまう．また，単射のみだったらどうなるであろうか？その場合は，実際にポストがあるのに，それには住所が割り当てられない可能性がある（図4.14）．

同様に電話・携帯電話がきちんと相手につながることについても疑問に思ったことはないだろうか？世界中にこれだけの電話・携帯電話があふれているにもかかわらず，番号の入力間違いさえなければ相手にきちんとつながるのは，電話局が定義域に電話番号，値域に携帯電話の実体を対応させ，その間の全単射写像をきちんと管理しているからにほかならない（この場合，定義域側の割り当てられていない番号は，予備の番号として考えている）．

実は携帯電話の番号に関しては，われわれが予想した以上に爆発的に普及したため，一時期，定義域側の番号が不足する「枯渇問題」が生じた．これを解決するために，新たに別の番号の枠組みを利用するなどの対応をとっている．

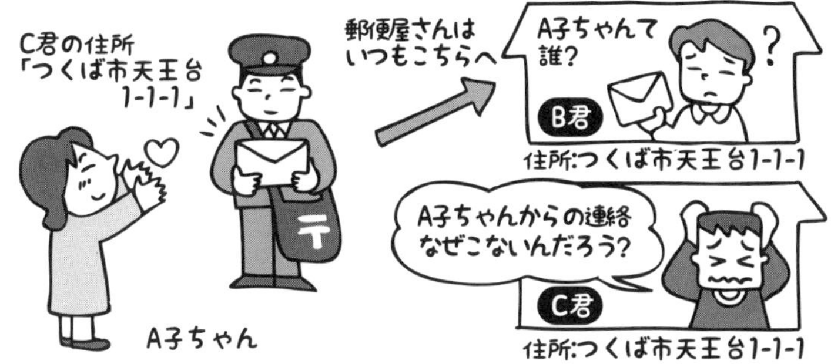

図 4.14　住所とポストが 1 対 1 対応でないと，世の中大変

また，実は，携帯電話だけではなく，われわれがインターネットを利用するときに用いる IP アドレスについても，同様に枯渇の問題を抱えた時期があり，これについても新たな通信プロトコルへの移行により対処が行われている．

このように，あるサービスが爆発的に普及した場合に，当初設定した定義域の要素数だけでは足りなくなってしまう可能性も十分考えられる．このような可能性を的確に予想し，経済性，処理の煩雑さを考慮し，必要十分な余裕をもった運用ができるように定義域の要素数を定める能力も，すぐれた情報技術者の素養と言える．

さて同様に，最近ではすっかりおなじみになった情報系のキーワードに **URL** という言葉がある．一方でこの正式名称を知らない人が意外に多い．URL の正式名称は「Uniform Resource Locator」であり，対応する日本語は，**統一資源位置指定子**，すなわちインターネット上の Web ページやファイルの住所に相当するものである．これも郵便局の住所同様に，全単射になっていなければならない写像の重要な例と言える．

ところで，ものを数えるとき「それと同じ数だけある，別のものを数える」と便利な場合がある．その例として，木下藤吉郎（＝豊臣秀吉）が，「ある山の木の数を数える」という仕事を引き受けた有名なお話があるので，ここで紹介したい．普通の人ならば，家来たちに，「山の中に入り，1 本 1 本数えてこい」と命令するであろう．ここで最も発生しやすいトラブルとして家来 A と家来 B が知らないうちに，同じ木を重複して教えてしまい，実際の本枚よりも多くなってしまうことである．ここで，藤吉郎は，まず家来たちに，山のすべての木に1本ずつ手ぬぐいをくくりつけて，それからその手ぬぐいを集めて数えたというのである．このようにすれば，部下たちが重複して数えることもないし，数え落とすこともなく，また手ぬぐい自体は手軽に10本ごとに束ねるなどできるので，効率的に数え上げることができる（図4.15）．

図4.15　木下流：山の木の数え方

同様に，「日本全国で使われている携帯電話の数は？」という質問があった場合，この手ぬぐいの方式を用いれば，日本全国を行脚して調査したり，家電メーカーに問い合わせる必要はなく，電話局に問い合わせて，現在割り当てている電話番号の数を教えてもらえばよいことになる．

4.9.2　熱闘甲子園

夏の甲子園は，今ではすっかり，日本の夏の風物詩として定着している．毎年，全国各地から集結した高校球児たちの繰り広げる熱戦から，数多くのドラマが生まれ，多くの人たちに感動を与えている．さて，この夏の風物詩にも，実は写像が潜んでいる．

トーナメント問題

49チームでトーナメント戦を行う．引き分けがないとすれば，優勝が決まるまでに何試合が必要か？

トーナメントの組合せによっても試合数は異なってくるだろう，と思う読者がいるかもしれない．例えば，シード校などがいくつも発生したトーナメントと，シードのないトーナメントでは，試合数が異なるかもしれない，と直感的に感じるかもしれない．しかし，実際はどのようなトーナメントに組み合わせても同じ試合数になる．これを全単射写像を使って説明する．

まずトーナメントでは引き分けがない．つまり，どの試合でも必ず1チームが負けることになる．各試合にその試合の負けたチームを対応させると，これは全試合と，すべての参加チームから優勝チームを除いた集合の間の全単射写像になる．よって，

$$\text{試合数} = \text{参加チーム数} - 1, \tag{4.1}$$

という等式が成立する．すなわち49チームの場合であれば，48試合開催されることになる（図4.16）．このように考えると，身近に開催される体育関連イベントでトーナメントが実施される場合，最低実施される試合数（敗者復活や3位決定戦などがあると数は増えることになる）がわかり，会場予約や審判の割り当てなども正確に把握し，円滑な運営ができるようになる．

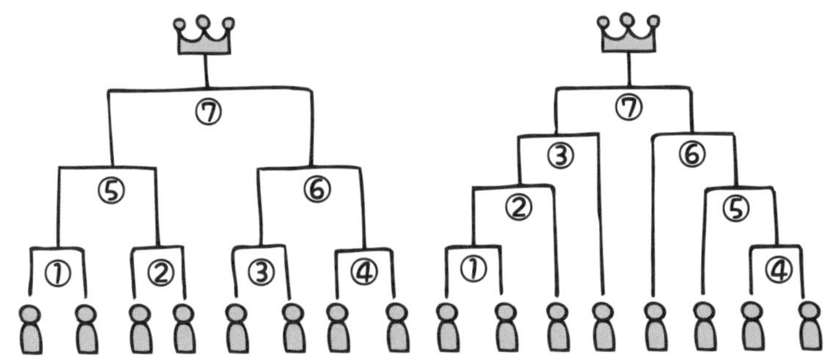

図4.16 同じチーム数でトーナメントの組み方が左と右では異なるが試合数は同じ．

4.9.3 文字コード

われわれが普段，メールなどで目にしている英数字，ひらがな，カタカナ，漢字などは，コンピュータの中では，そのまま扱われるのではなく，2進数の並び，いわゆる文字コードとして取り扱われる．異なる機種間で，たまに発生する文字化けや，絵文字が読めないなどの問題は，お互いが異なる文字コードを利用しているなどが原因である場合が多い．

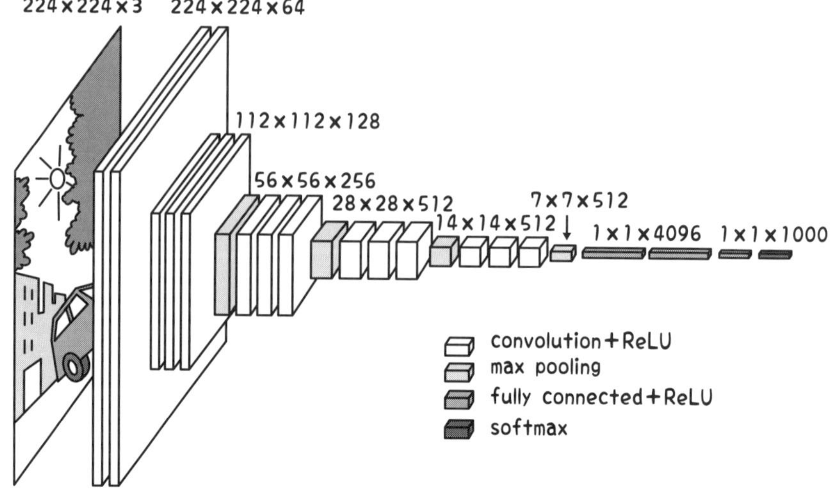

図 4.17　深層学習は写像の合成のかたまりである

さて，この文字コードの実体は，写像の言葉を使えば，定義域に2進数，値域に文字が対応する全単射写像のことになる．対応させたい文字の数を n とすれば，この場合に構成できる全単射写像の数は置換写像全体の数と等しく $n!$ という膨大な数になる．世の中に存在する文字コード，EUC, S-JIS, UTF-8 といった規格は，このような膨大な候補の写像の中から，ほんの数個を選んでいるにすぎない．

4.10　AIと写像

われわれがよく見聞きするAIは，大量のデータによって学習されたAI，いわゆるデータ駆動型AIと呼ばれるものである．その中核となっている技術は図4.17に示すような**深層学習**と呼ばれる，たくさんの層から構成される分類器である．図4.17を見ると，なんだか，非常に複雑な構造に見えるが，実は，やっていることは，写像そのものである．つまりは，膨大な候補となる画像＝定義域，値域を「○○が写っている画像」という要素からなる集合として考えれば（例：ネコが写っている画像，イヌが写っている画像など），定義域の画像を，値域の要素に対応させる写像そのものに解釈できるわけである．もう少し，細かい話をすると，深層学習を構成するそれぞれの層が写像になるので，深層学習全体は，写像の合成である，と解釈することもできる．データ駆動型AIは，大量のデータに基づいて何やらすごいことをやっているように思えるが，離散数学をよく知っている人からすれば，究極的には写像・写像の合成を求めているにすぎない．そう，AIは簡単な数字で理解できるのである！

第8回目
終了（90分）

参考文献

[1] Seymour Lipschutz（著），成嶋 弘（翻訳），「離散数学—コンピュータサイエンスの基礎数学（マグロウヒル大学演習）」，オーム社 (1995)（特に第3章）．

[2] 石村 園子，「やさしく学べる離散数学」，共立出版 (2007)（特に第2章）．

[3] 青木利夫，高橋渉，平野載倫，「演習・集合位相空間」，培風館 (1985)（特に第2章）．

[4] 志賀 浩二，「集合への30講（数学30講シリーズ）」，朝倉書店 (1988)（特に第12講から19講）．

[5] 松坂 和夫，「集合・位相入門」，岩波書店 (1968)．（特に第1章と第2章）．

[6] 藤岡敦，「手を動かしてまなぶ 集合と位相」，裳華房 (2020)（特に第2章と第3章）．

[7] 守屋 悦朗，「離散数学入門（情報系のための数学）」，サイエンス社 (2006)（特に第3章）．

[8] David Joyner（著），川辺治之（翻訳）「群論の味わい置換群で解き明かすルービックキューブと15パズル」，共立出版 (2010)．

[9] 野崎明弘（著），「離散数学「数え上げ理論」—「おみやげの配り方」から「Nクイーン問題」まで」講談社 (2008)．

第5章 代数系

5.1 はじめに

これまでの人生で「足し算とは何だろうか？」あるいは「掛け算とは何だろうか？」と疑問に持ったことはあるだろうか？　あまりにも当たり前すぎて，多くの人は疑問をもったことがないのではないかと思う（図5.1）．この当たり前の考え方である「足し算」，あるいは「掛け算」などを，集合や写像の観点からひもときながら，明快な解説を与えることが，本章の目的である．そして，この考え方の延長に，現代の情報社会を支える暗号やAIにおけるプライバシーの問題の解決など重要な応用があることを示す．

図5.1　当たり前のことほど，実はよくわかっていない？

第9回目
開始（0分）

5.2 二項演算と代数系

足し算や引き算という考え方は，数学的な専門用語で**代数系**と呼ばれる分野の範疇に入る．代数系の定義を以下に示す．

代数系

代数系とは，ある集合，およびその上にいくつかの演算とそれらが満たすべき公理（公式）が定義されている体系のこと．

この代数系の演算として，**単項演算**，**二項演算**，**三項演算**などがある．このうち，この章で主に登場するのは二項演算である．これは集合 A があって，その 2 つの要素 a,b から，何らかの方法で第 3 の要素 $c = \varphi(a,b)$ を対応させる 2 変数の写像である．同様にして，1 つの項に作用するのが単項演算，3 つの項に作用するのが三項演算である．

最も簡単な二項演算の例は，自然数 $\mathbb{N} = \{1,2,3,\ldots\}$ における足し算である．具体的には，$\mathbb{N}$ の任意の 2 要素 a,b から $\mathbb{N}$ の要素 $a+b$ を対応させる，2 変数の写像

$$\varphi(a,b) = a+b,$$

で定義される．以下，二項演算の厳密な定義を示す．

二項演算

集合 A に対し定義された $A \times A$ から A への写像 $*$

$$\begin{aligned} * \quad : \quad A \times A &\to A, \\ (a,b) &\mapsto c, \end{aligned}$$

を，2 つの要素によって定まる写像，すなわち**二項演算**と呼ぶ．ここで，上段の記号 $\to$ は集合間の対応を表し，下段の $\mapsto$ は要素間の対応を表す．つまり上段は定義域と値域の対応，下段は具体的な要素の対応を表す．この写像は，$A \times A$ の要素 (a,b) に A の要素 c を対応させる写像であり，a と b から c が決まるので

$$a * b = c,$$

と書くこともできる．

例題 5-1

単項演算，二項演算の例をいくつか挙げよ．

（問題の趣旨：単項演算と二項演算の確認）

解答

単項演算の例としては，$-x$ や $\log x$ など．二項演算の例としては，足し算，引き算，掛け算，割り算など．ほかには，l.c.m(a, b)（least common multiple, 最小公倍数）や g.c.m(a, b)（greatest common measure, 最大公約数）なども二項演算である．■

さて，自然数全体の集合 $\mathbb{N}$ における足し算は，前述の定義に基づき厳密に書き下すと，

$$
\begin{aligned}
+ : \mathbb{N} \times \mathbb{N} &\to \mathbb{N}, \\
(l, m) &\mapsto n = l + m,
\end{aligned}
$$

となる．具体的には，

$$
\begin{aligned}
(1, 1) &\mapsto 2, \\
(3, 5) &\mapsto 8, \\
(5, 3) &\mapsto 8,
\end{aligned}
$$

といった写像が，足し算の実体ということになる．同様に，自然数全体の集合 $\mathbb{N}$ における掛け算は

$$
\begin{aligned}
\times : \mathbb{N} \times \mathbb{N} &\to \mathbb{N}, \\
(l, m) &\mapsto n = lm,
\end{aligned}
$$

と定義できる．

小学校の算数の授業で学んだ「足し算」（加法）の実体は写像であり，つまり，**集合，直積，関係，写像**という考え方を身につけたうえで，はじめて厳密な理解に到達することのできる非常に高度な概念であると言える（おそらく，読者の多くは，**小学校の低学年において**これらの写像を，図 5.2 のように，感覚的に記憶する学習方法で学んできたと思う）．

図 5.2　九九を感覚的に学ぶ様子

さて，話をもとに戻し，**演算について閉じている**，ことについて説明する．

閉じていること

A の任意の要素 a，b に対して演算結果の $a*b$ が A に属するならば，A **は** $*$ **について閉じている**という．

閉じている，閉じていない，という考え方は，われわれにとってあまりなじみがないかもしれないので，日常の例としてスカッシュや屋外テニスと結びつけてみる（図 5.3）．ここで屋内のスカッシュは，閉じていることに対応し，どんな方向にどんな強さでボールを打ったとしても，部屋が閉じているので，ボールは必ず部屋の中に存在する．つまりボールを見失うことはない．一方で，屋外のテニスでは，閉じた空間ではないため，ボールのコントロールが悪いと，柵を越えて飛んでしまい，ボールを失くしてしまう可能性がある．

例題 5-2

A を正の整数の集合とする．このとき A は**加法について閉じている．**では，A について，以下のことが言えるかどうか検討せよ．

(1) 減法について閉じている

(2) 乗法について閉じている

(3) 除法について閉じている

（問題の趣旨：閉じていることの理解）

図 5.3　閉じているイメージ（左）と閉じていないイメージ（右）

解答

(1) 閉じていない．反例として $a = 1, b = 2$ とすれば $a - b = 1 - 2 = -1 \notin A$. (2) 閉じている．任意の a, b に対して，$ab \in A$ である．(3) 閉じていない．反例として $a = 1, b = 2$ とすれば $a/b = 1/2 \notin A$ となる．■

例題 5-3

A を正整数のうち偶数の集合，B を正整数のうちの奇数の集合，C を正整数のうちの 3 の倍数の集合，$D = \{-1, 1\}$ とする．以下のことが妥当か否か検証せよ．

(1) A は加法について閉じている．　(2) A は乗法について閉じている．

(3) B は加法について閉じている．　(4) B は乗法について閉じている．

(5) C は加法について閉じている．　(6) C は乗法について閉じている．

(7) D は加法について閉じている．　(8) D は乗法について閉じている．

（問題の趣旨：閉じていることの理解）

解答

(1) 閉じている．$\forall a, b \in A$ を考えたとき，$a = 2m$ と $b = 2n$ で表すことができ，$2m + 2n = 2(m + n) \in A$．(2) 閉じている．$\forall a, b \in A$ を考えたとき，$a = 2m$ と $b = 2n$ で表すことができ，$2m \cdot 2n = 2(m \cdot n) \in A$．(3) 閉じていない．$\forall a, b \in A$ を考えたとき，$a = 2m + 1$ と $b = 2n + 1$ で表すことができ，$(2m + 1) + (2n + 1) = 2(m + n) + 2 \notin B$．(4) 閉じている．$\forall a, b \in A$ を考えたとき，$a = 2m+1$ と $b = 2n+1$ で表すことができ，$(2m+1) \cdot (2n+1) = 4mn+2m+2n+1 \in B$.

(5) 閉じている．(6) 閉じている．(7) 閉じていない．$-1+1=0 \notin D$．(8) 閉じている．■

これまでの例題を通して，われわれの身の回りにある演算が閉じていることが，当たり前ではないことを理解してもらえたと思う．小学校や中学校の算数や数学の授業で，われわれがそのようなことを意識しなかったのは，先人たちが苦労して常に閉じているというきれいな演習問題の枠組みを提供してもらっていたおかげかもしれない（図 5.4）．以降も，閉じていない例が頻繁に登場してくる．それらを通して，世の中の体系が，それほどきれいではないということを実感してほしい．

以上の解説をふまえて，再び，代数系を厳密に定義すると以下のようになる．

代数系

集合 A に演算 $*$（1 種類とは限らない）が定義されているとき，集合 A と演算 $*$ を一緒に考えた系 $(A;*)$ を**代数系**という．ここで演算 $*$ は A に対して閉じていなければならない．また代数系を具体的に表現するものとして，**演算表**がある．これは，表の最上段と最左列に集合の要素を書き，演算結果を表した表のことである（図 5.5）．

図 5.4　整数で閉じている問題のみが教科書に載っている

図 5.5　演算表の例

第9回目
30分経過

5.3　代数系の様々な性質

集合演算，論理演算と同様に，代数系における演算についても様々な性質を考えることができる．代数系の演算の大きな特徴として，その性質が成立するか否かで，その代数系の呼び方も変わる点にある（これについては5.6節で述べる）．まず最初に，演算に関しての2つの性質，**結合律**と**交換律**について紹介する．

結合律と交換律

$*$ を A の演算とする．A の任意の元 a, b, c について

(1) $a * (b * c) = (a * b) * c$, が成立するとき **結合律**が成立するという．

(2) $a * b = b * a$, が成立するとき，**交換律**が成立するという．

交換律が成立する演算のことを，**可換な演算**，あるいは演算が**可換**であるともいう．

どんな演算についても，結合律や交換律が成立するわけではない．例えば実数集合 $\mathbb{R}$ において，$+$ および $\times$ の結合律および交換律は成立するが，$-$ や，実数集合から0を除いた場合の $\div$ は，

$$3-(2-1) \neq (3-2)-1, \qquad 3-2 \neq 2-3,$$

$$4 \div (3 \div 2) \neq (4 \div 3) \div 2, \qquad 3 \div 2 \neq 2 \div 3,$$

のように必ずしも成立するわけではない（ここで0を取り除くのは，0で除算

を行うのを避けるためである). また, 行列の積に関しても, 結合律は成立するが, 交換律は成立しない. 例えば,

$$\begin{bmatrix} 1 & 2 \\ 3 & 4 \end{bmatrix}\begin{bmatrix} 1 & 1 \\ 0 & 0 \end{bmatrix} = \begin{bmatrix} 1 & 1 \\ 3 & 3 \end{bmatrix}, \qquad \begin{bmatrix} 1 & 1 \\ 0 & 0 \end{bmatrix}\begin{bmatrix} 1 & 2 \\ 3 & 4 \end{bmatrix} = \begin{bmatrix} 4 & 6 \\ 0 & 0 \end{bmatrix},$$

のように成立していないことがわかる.

例題 5-4

$\mathbb{Z}$ において, 次の演算を定義する.

(1) $m \star n = 2(m+n)$, (2) $m \circ n = 2mn - 1$, (3) $m \square n = |m-n|$.

これらについて (a) 結合律が成立 (b) 交換律が成立するかどうか検証せよ.

(問題の趣旨：結合律と交換律の理解)

解答

(1) (a) 結合律は

$$\begin{aligned} m \star (n \star l) &= 2(m + 2(n+l)) = 2m + 4(n+l), \\ (m \star n) \star l &= 2(2(m+n) + l) = 4(m+n) + 2l, \end{aligned}$$

となり, 演算の順番が異なると結果が異なるので結合律は成立しない. つまり結合律の成立する加法, 乗法から構成されている場合でも, それらを組み合わせると結合律が成立しない場合もある.

(b) 交換律は

$$m \star n = 2(m+n) = 2(n+m) = n \star m,$$

で成立する.

(2) (a) (1) と同様に, 具体的に式を展開してみると結合律が成立しないことがわかる.

(b) 交換律は成立している.

(3) (a) 結合律について調べる. 具体的な例として, $m = 3, n = 2, l = 1$ を代入してみると

$$m\square(n\square l) = |m-|n-l|| = |3-|2-1|| = 2,$$
$$(m\square n)\square l = ||m-n|-l| = ||3-2|-1| = 0,$$

となり，成立していないのがわかる．(b) 交換律は成立する．■

5.4　剰余和と剰余積

剰余演算 (mod) については，3.10 節において，すでに紹介したが，ここでは，その演算に基づく和と積について紹介する．この剰余演算はあまり見慣れない演算であるが，代数系の分野では頻繁に登場してくるので覚えていてほしい．

剰余和と剰余積

整数における加法と乗法について，通常の和あるいは積をある整数 p で割った剰余（余りのこと）と定義したものを，p による**剰余和**，p による**剰余積**と呼ぶ．それぞれ記号は，$\oplus$ と $\odot$ で表す．

$$\text{剰余和}：m \oplus n = (m+n \pmod{p}).$$
$$\text{剰余積}：m \odot n = (mn \pmod{p}).$$

例題 5-5

$\mathbb{Z}_3 = \{0,1,2\}$ に対して，3 による剰余和 $\oplus$ と剰余積 $\odot$ の演算表を構成せよ．

（問題の趣旨：剰余和と剰余積の理解）

解答

それぞれ以下のような演算表となる．

$\oplus$	0	1	2
0	0	1	2
1	1	2	0
2	2	0	1

$\odot$	0	1	2
0	0	0	0
1	0	1	2
2	0	2	1

■

剰余和による代数系は，**巡回する操作対象**に対して非常に相性がよい．例えば，われわれの身の回りにあるモノで言えば，時計の長針，短針は $(\mathbb{Z}_{12};\oplus)$ と対応がつき，曜日などは $(\mathbb{Z}_7;\oplus)$ と対応がつく（図 5.6）．

図 5.6　時計・カレンダー，身の回りにあふれる剰余演算

5.5　単位元と逆元

代数系の特別な要素である**単位元**と**逆元**について説明する．

単位元

A の任意の元 a に対して

$$a * e = e * a = a,$$

が成立する A の元 e を，$(A;*)$ の**単位元**という．つまり，$a \in A$ と演算を行った場合に，その結果が変わらず a となる元 e が単位元である．

単位元については，より厳密な説明を加えると，A の任意の元 a に対して $a * e = a$ を満たすとき**右単位元**といい，$e * a = a$ を満たすとき**左単位元**と呼ぶ．代数系の演算が可換ではない場合，右単位元と左単位元のどちらか片方だけが存在する場合がある（ただし，両方とも存在すれば両者が一致し，かつ一意的になることは証明できる（図 5.7））．また，単位元が存在しても，もちろんその代数系が可換とは限らない．

図 5.7　単位元のイメージ

単位元 e が存在すればただ 1 つである．例えば，代数系 $(\mathbb{Z};\times)$ において，$\forall n \in \mathbb{Z}$ に対し，$1\times n = n\times 1 = n$ となるので 1 が演算 $\times$ に関する単位元となり，1 のほかの要素は単位元とならない．また，代数系 $(\mathbb{Z};+)$ において，$\forall n \in \mathbb{Z}$ に対し，$0+n = n+0 = n$ となるので 0 が演算 $+$ に関する単位元となる．（演算が加法 $+$ である場合，単位元を**零元** と呼ぶ場合もある）

第 9 回目
60 分経過

例題 5-6

集合 $A = \{a,b,c\}$ および演算 $*_1$, $*_2$, $*_3$ による代数系 $(A;*_1)$, $(A;*_2)$, $(A;*_3)$ が，次の演算表のように定義されているとする．右あるいは左単位元が存在すれば，それを示せ．

$*_1$	a	b	c
a	a	c	b
b	b	a	b
c	c	c	c

$*_2$	a	b	c
a	a	c	b
b	b	a	b
c	a	b	c

$*_3$	a	b	c
a	a	c	a
b	b	a	b
c	a	b	c

（問題の趣旨：右単位元と左単位元の理解）

解答

$*_1$ については，a が右単位元．$*_2$ については，c が左単位元．$*_3$ については，c が右かつ左単位元となる．■

ある 0 でない数 x について，掛け算した結果が 1 になるような数のことを x の逆数と呼び，$1/x$ などで表される．このような考え方を，さらに一般化したのが逆元である．以下，その厳密な定義を示す．

逆元

$(A;*)$ が単位元 e を持つとき $a \in A$ に対し

$$a * x = x * a = e,$$

となる A の元 x を，$(A;*)$ の**逆元**と呼び a^{-1} で表す．つまり a との演算結果が単位元 e になる元が逆元となる．
単位元の場合と同様，右逆元と左逆元のみの場合もある．両者がともに存在すれば両者は一致し，かつ一意的に決まる（図 5.8）．

逆元の例を示すと，まず $(\mathbb{Z};+)$ において，単位元は 0 であることはすでに述べたとおりであり，$n \in \mathbb{Z}$ に対し $n + x = x + n = 0$ となる x が n の逆元である．つまり，$x = -n \in \mathbb{Z}$ が n の逆元となる．

図 5.8 逆元のイメージ

例題 5-7

有理数 $\mathbb{Q}$ の集合を考える．これに対して通常の加法と乗法を演算として考えた場合，単位元はそれぞれ何になるか求めよ．また，$\mathbb{Q}$ のそれぞれの元の逆元は何になるか求めよ．

（問題の趣旨：逆元の理解）

解答

加法についての単位元は 0．$a \in \mathbb{Q}$ に対する逆元は $a + (-a) = 0$ なので $-a$ となる．乗法についての単位元は 1. $a \in \mathbb{Q}$ に対する逆元は $a \cdot (1/a) = 1$ なので $1/a$ となる．■

例題 5-8

$\mathbb{Z}_5 = \{0, 1, 2, 3, 4\}$ と 5 による剰余和および剰余積による代数系 $(\mathbb{Z}_5; \oplus)$ および $(\mathbb{Z}_5; \odot)$ について

(1) 演算表を作成せよ．

(2) 単位元を求めよ．

(3) 各元の逆元を求めよ．

（問題の趣旨：演算表と単位元と逆元の関係の理解）

解答

(1) 演算表は以下のように構成できる．

$\oplus$	0	1	2	3	4
0	0	1	2	3	4
1	1	2	3	4	0
2	2	3	4	0	1
3	3	4	0	1	2
4	4	0	1	2	3

$\odot$	0	1	2	3	4
0	0	0	0	0	0
1	0	1	2	3	4
2	0	2	4	1	3
3	0	3	1	4	2
4	0	4	3	2	1

(2) $(\mathbb{Z}_5, \oplus)$ の単位元は 0．$(\mathbb{Z}_5; \odot)$ の単位元は 1.

(3) $(\mathbb{Z}_5, \oplus)$ について: 0の逆元は0，1の逆元は4，2の逆元は3，3の逆元は2，4の逆元は1となる．$(\mathbb{Z}_5, \odot)$ について: 0の逆元は存在しない．1の逆元は1，2の逆元は3，3の逆元は2，4の逆元は4となる．■

例題 5-9

実数全体 $\mathbb{R}$ と，べき乗演算 $a * b = a^b$ による代数系 $(\mathbb{R}; *)$ では，右単位元は存在するが，左単位元は存在しないことを確認せよ．
（問題の趣旨：右単位元と左単位元の理解）

解答

右単位元は $\forall a \in \mathbb{R}$ に対して $a * e = a$ なる e であり，この場合 $a * 1 = a^1 = a$，すなわち，1が右単位元となる．左単位元は，$\forall a \in \mathbb{R}$ に対して $e * a = a$ なる e であり，この場合 $e * a = e^a = a$ なる e でなければならないが，これは存在しない．■

第9回目
終了（90分）

5.6　半群とモノイドと群

第10回目
開始（0分）

これまで紹介した演算に関する性質と，特別な元の考え方を段階的に導入することで，代数系を少しずつ構造化する．まずは，結合律と単位元を導入した代数系を紹介する．

半群とモノイド

代数系 $(S; *)$ の演算 $*$ が結合律を満たすとき $(S; *)$ を**半群**という．特に単位元を持つ半群を**モノイド**という．

例題 5-10

次の代数系は半群かモノイドか判定せよ．
(a) $(\mathbb{N}; +)$　(b) $(\mathbb{N}; \times)$　(c) $A = \{n | n = 3k, k \in \mathbb{N}\}$ と定義した場合の $(A; \times)$　（問題の趣旨：半群とモノイドの違いの理解）

解答

(a) 足し算は結合律を満たすので半群となる．また0が$\mathbb{N}$に入っていれば，モノイドとなるが，自然数には0は入らないので，単位元が存在しないためモノイドにはならない．(b) 掛け算は結合律を満たすので半群となる．また1が任意の要素aに対して$a \times 1 = a$となり単位元が存在するので，モノイドとなる．(c) 注意しなければならないのは集合Aが掛け算で閉じているかである．Aの任意の2つの要素についての掛け算はAの要素になるので，閉じている．また，掛け算は結合律を満たしているので半群となる．また，1が任意の要素aに対して$a \times 1 = a$となるが，Aには含まれていないので，単位元が存在しないため，モノイドにはならない．■

例題 5-11

表5.1の演算を持つ代数系$(A, \circ)$および表5.2の演算を持つ$(A, \star)$は，それぞれ，半群になるか，モノイドになるかを判定せよ．

表5.1　$(A, \circ)$の演算表

∘	d	e	f
d	d	e	f
e	e	f	d
f	f	d	e

表5.2　$(A, \star)$の演算表

⋆	d	e	f
d	d	d	d
e	d	d	d
f	d	d	d

（問題の趣旨：演算表で定義されている場合の半群とモノイドの判定）

解答

この例題のように，演算の定義が表で与えられる場合には，結合律が成立するかどうかを，片っ端から調べる必要がある．この問題の場合は，結合律の式

$$a \star (b \star c) = (a \star b) \star c, \tag{5.1}$$

のそれぞれの変数a, b, cに対して，3つの変数d, e, fが当てはまるので，組合せの数としては，$3^3 = 27$通りを調べる必要がある．具体的には，ddd, dde, ddf, ded, dee, def, dfd, dfe, dff, edd, ede, edf, eed, eee, eef, efd, efe, eff, fdd, fde, fdf,

$fed, fee, fef, ffd, ffe, fff$ を調べることになる．その結果，$(A, \circ)$ については，結合律が成立し（途中の結果は省略），単位元は a になるので，モノイドになる．一方，$(A, \star)$ については，結合律は成立するが，単位元は存在しないので，半群である．■

例題 5-12

有理数 $\mathbb{Q}$ と以下で定義される演算 $\star$

$$a \star b = a + b - ab,$$

からなる代数系 $(\mathbb{Q}, \star)$ を考える．この代数系は，半群になるか？さらにはモノイドになるか判定せよ．

（問題の趣旨：半群とモノイドの判定）

解答

演算 $\star$ の結合律が成立するか否かを確認する．それぞれ具体的に展開すれば，

$$\begin{aligned}(a \star b) \star c &= (a + b - ab) \star c \\ &= (a + b - ab) + c - (a + b - ab)c \\ &= a + b - ab + c - ac - bc + abc \\ &= a + b + c - ab - ac - bc + abc,\end{aligned}$$

と

$$\begin{aligned}a \star (b \star c) &= a \star (b + c - bc) \\ &= a + (b + c - bc) - a(b + c - bc) \\ &= a + b + c - ab - ac - bc + abc,\end{aligned}$$

より，結合律

$$(a \star b) \star c = a \star (b \star c),$$

が成立する．よって半群となる．

次に，単位元の存在について検証する．つまり，

$$a \star e = a,$$

となる $e \in \mathbb{Q}$ に存在するかどうかであるが，この式の演算部分を具体的に展開すれば

$$\begin{aligned} a + e - ae &= a, \\ e - ea &= 0, \\ e(1 - a) &= 0, \end{aligned}$$

となり，$e = 0$ なら a の値にかかわらず，上式が満たされる．よって $a \star 0 = a$ となるので 0 は単位元．$0 \in \mathbb{Q}$ なので，$(\mathbb{Q}, \star)$ はモノイドとなる．■

この節の最後に，半群，モノイドよりも条件が厳しい，**群**を紹介する．

第10回目
30分経過

群

代数系 $(G; *)$ が次の性質を満たすとき，**群** という．

(1) 演算 $*$ について**結合律**が成立する．

(2) 演算 $*$ について**単位元**が存在する．

(3) G のすべての元に演算 $*$ に関する**逆元**が存在する．

ここで，半群の条件は (1)，モノイドの条件は (1) (2)，群の条件は (1) (2) (3) に対応する．言い換えると群はモノイドの中で **すべての元に逆元が存在する** という条件を付け加えた代数系となる．

このように代数系，半群，モノイド群は，条件が付け加わるほど厳しくなり，それを満たす集合も少なくなるため，この関係を表現すると図 5.9 に示す，ロシアのマトリョーシカ人形のようになる．

演算 $*$ が交換律を満たす群を**可換群**または**アーベル群**という．G の元の数が有限のとき G を**有限群**，元の数が有限ではないとき**無限群**という．

例題 5-13

$\mathbb{Z}$ を整数の集合，$\mathbb{Q}$ を有理数の集合，そして $\mathbb{Z}_5 = \{0, 1, 2, 3, 4\}$，としたとき，次の代数系は群であるかどうか判定せよ．

(a) $(\mathbb{Z}; +)$,　　(b) $\mathbb{Q}^* = \{a | a \neq 0, a \in \mathbb{Q}\}$ としたとき $(\mathbb{Q}^*; \times)$,　　(c) $(\mathbb{Z}_5; \oplus)$,

図 5.9 マトリョーシカ人形による代数系の表現

(d) $(\mathbb{Z}_5;\odot)$. ここで，$\oplus$ は 5 による剰余和，$\odot$ は 5 による剰余積を表す．

（問題の趣旨：群の理解）

解答

(a) $\mathbb{Z}$ は，足し算 + について閉じており，足し算 + は結合律を満たしている．また，単位元 e は 0 となり，任意の元 $a \in \mathbb{Z}$ について，$-a \in \mathbb{Z}$ が逆元となる．よって，$(\mathbb{Z};+)$ は群となる．(b) $\mathbb{Q}^*$ は，掛け算 × について閉じており，また結合律も満たしている．単位元 e は 1 となり，任意の元 $a \in \mathbb{Q}^*$ について，$1/a \in \mathbb{Q}^*$ が逆元となる．よって $(\mathbb{Q}^*;\times)$ は群となる．$\mathbb{Q}^*$ には，0 が含まれていないが，もし含まれていた場合には逆元が定義できなくなる．(c) 例題 5-8 で示したように，単位元は 0．各元に対する逆元も存在するので，群となる．(d) 例題 5-8 で示したように，単位元は 1．0 に対する逆元が存在しないので，群とならない．

■

第10回目
60分経過

例題 5-14

次の4つの行列

$$E=\begin{bmatrix}1&0\\0&1\end{bmatrix},\quad A=\begin{bmatrix}1&0\\0&-1\end{bmatrix},\quad B=\begin{bmatrix}-1&0\\0&1\end{bmatrix},\quad C=\begin{bmatrix}-1&0\\0&-1\end{bmatrix},$$

からなる集合Gに，演算として通常の行列の積を定義した代数系$(G,\circ)$が群をなすことを示せ.

（問題の趣旨：群の理解）

解答

$(G,\circ)$に関する演算表は，以下のようになる.

∘	E	A	B	C
E	E	A	B	C
A	A	E	C	B
B	B	C	E	A
C	C	B	A	E

この表より，Gは演算∘について閉じており，また，行列の積は結合律を満たすので，半群である．さらに，この表より，Eが単位元であることが確認できるのでモノイドになる．そして，各要素A,B,Cに対する逆元は，それぞれA,B,Cに対応するので，逆元の存在が確認できる．よって，代数系$(G,\circ)$は群となる.

ここで登場した群は，群の中でも特別なもので**クラインの四元群**（図5.10）と呼ばれる．このクラインの四元群は数学とは縁のなさそうな分野（文化人類学）でも登場してくる興味深い構造である．■

図 5.10 クラインの 4 元群のイメージ

5.7 準同型写像と同型写像

任意の2つの集合の濃度が同じであるか（構造が同じであるか）を調べるには，「それらの集合の間に全単射写像が構成できるかどうかを調べればよい」，ということはすでに学んだ．代数系の場合，集合に加えて，演算という代数的構造が入っているため，集合の場合ほど単純に比較の議論をすることができない（図 5.11）．

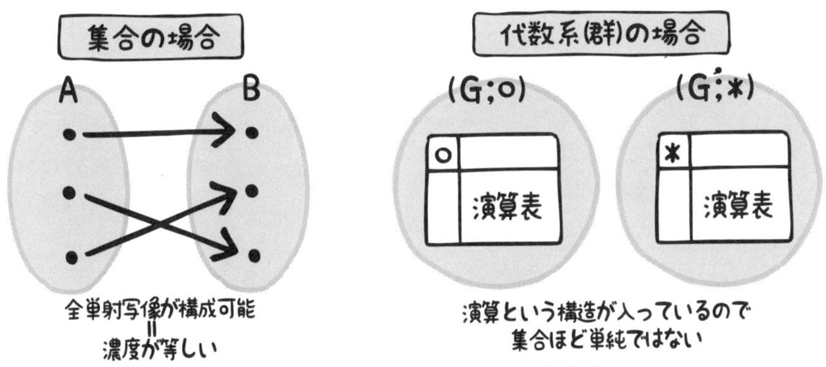

図 5.11 集合と代数系における比較方法

ここでは，任意の 2 つの群の構造が等しいかどうかを調べるための道具としての**準同型写像**と**同型写像**を紹介する．

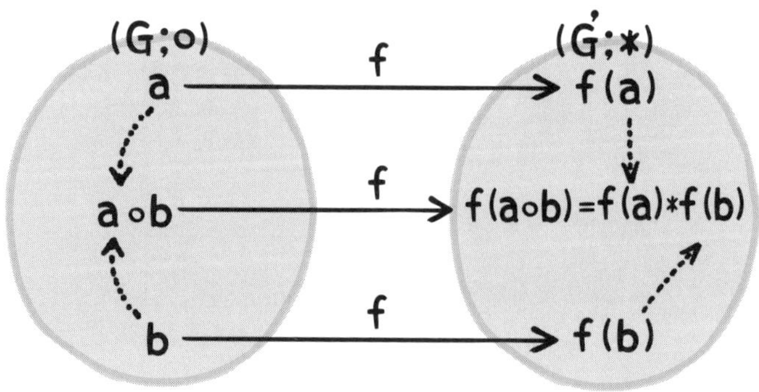

図5.12　準同型写像のイメージ

準同型写像と同型写像

演算 $\circ$ を持つ群 $(G,\circ)$ と演算 $*$ を持つ群 $(G',*)$ に対して G から G' への写像 $f: G \to G'$ が

$$\forall a,b \in G, \qquad f(a \circ b) = f(a) * f(b),$$

なる条件を満足しているとき，f を G から G' への**準同型写像**という．単射である準同型写像を**単準同型写像**，全射である準同型写像を**全準同型写像**という．また単射でかつ全射である準同型写像を**同型写像**という．群 G から群 G' への同型写像 f が存在するとき，G と G' は**同型**であるといい，$G \simeq G'$ と書く．特に $G = G'$ のとき G から G' への同型写像 f を G の**自己同型写像**という．

上記の定義のみだけではわかりにくいので，図5.12に準同型写像のイメージを示す．準同型写像 f とは，「G の任意の2つの元 a,b に関して，$\circ$ で演算した $a \circ b$ を，f で $(G',*)$ に写した結果」が，「G の任意の2つの元 a,b に関して，f で写した $f(a)$ および $f(b)$ を $*$ で演算した結果 $f(a) * f(b)$」と等しい，というものである．

例題 5-15

G を通常の加法によって構成される実数集合の群，G' を通常の乗法によって構成される正の実数集合の群とする．写像 $f(a) = 2^a$, $f : G \to G'$ は準同型写像となるか，また同型となるか調べよ．

（問題の趣旨：準同型写像と同型の理解）

解答

$f(a+b) = 2^{a+b} = 2^a 2^b = f(a)f(b)$ となるので，準同型写像である．さらに，f は全単射写像（$f(a) = 2^a$ のグラフを描いてみるとわかりやすい）であるので，同型である．■

第10回目
終了（90分）

5.8　部分群

ここからは自習

ある集合に対して部分集合を考えることができたように，ある群に対しても，その一部分が群として機能すれば部分群と呼ぶことができる．ただし群の場合には，前節の準同型写像と同様に，演算という代数的構造も考慮しなければならない．**部分群**としての条件は次のようになる．

部分群

群 $(G, \star)$ の部分集合 $(H, \star)$ が次の条件を満たすとき，$(H, \star)$ を $(G, \star)$ の**部分群**という．

(1) $a, b \in H$　ならば　$a \star b \in H.$

(2) $a \in H$　ならば　$a^{-1} \in H.$

例題 5-16

整数の集合 $\mathbb{Z}$ および通常の加法 $+$ による群 $(\mathbb{Z},+)$ を考える．$\mathbb{Z}$ の部分集合として，正の整数 m による倍数の集合，すなわち $H=\{\ldots,-3m,-2m,-m,0,m,2m,3m,\ldots\}$ を考えたとき，$(H,+)$ が $(\mathbb{Z},+)$ の部分群になっていることを示せ．

（問題の趣旨：部分群の定義の理解）

解答

部分群の条件 (1) については，H の任意の要素 $a(=km)$ と $b(=lm)$ を考えたとき，$a+b=km+lm=(k+l)m\in H$ となるので満たされる．また，(2) については，H の任意の要素 $a(=km)$ の逆元は $a^{-1}=-km$ で表現され，$a+a^{-1}=km-km=0$ となるので，条件が満たされる．以上より，$(H,+)$ は $(\mathbb{Z},+)$ の部分群になっている．■

5.9　対称群

第4章の写像において，$A=\{1,2,\ldots,n\}$ 上の全単射写像が，要素を入れ替える置換に対応しており，これを集めた置換全体を S_n で表すこと，またその濃度は $|S_n|=n!$ になることは学んだ．実は，置換全体 S_n についても，群という数学的構造は潜んでいる．以下，それについて紹介する．

対称群

n 次の置換の全体 S_n において，写像の合成 $\circ$ を演算として定義すると $(S_n;\circ)$ は群となり，n 次の**対称群**と呼ぶ．

例題 5-17

(1) S_3 の要素をすべて求めよ．

(2) 対称群 $(S_3,\circ)$ における，写像の合成演算 $\circ$ の演算表を求めよ．

（問題の趣旨：対称群の理解）

解答

(1) 置換写像のときと同様に，上段の並びを固定し，下段の並びを変化させ，考えられるだけの組合せを挙げればよい．ただし，演算表を作りやすくするため，恒等写像をeで表し，3要素のうち2要素の並べ替えだけの場合はσ，3要素のうちすべての要素が並べ替えられる場合にはϕの記号を割り当てることにすると以下の6つになる．

$$e = \begin{pmatrix} 1 & 2 & 3 \\ 1 & 2 & 3 \end{pmatrix}, \quad \sigma_1 = \begin{pmatrix} 1 & 2 & 3 \\ 1 & 3 & 2 \end{pmatrix}, \quad \sigma_2 = \begin{pmatrix} 1 & 2 & 3 \\ 2 & 1 & 3 \end{pmatrix},$$

$$\sigma_3 = \begin{pmatrix} 1 & 2 & 3 \\ 3 & 2 & 1 \end{pmatrix}, \quad \phi_1 = \begin{pmatrix} 1 & 2 & 3 \\ 2 & 3 & 1 \end{pmatrix}, \quad \phi_2 = \begin{pmatrix} 1 & 2 & 3 \\ 3 & 1 & 2 \end{pmatrix}.$$

(2) 以上の要素から演算表を構成すれば，以下のようになる．

$\circ$	e	σ_1	σ_2	σ_3	ϕ_1	ϕ_2
e	e	σ_1	σ_2	σ_3	ϕ_1	ϕ_2
σ_1	σ_1	e	ϕ_1	ϕ_2	σ_2	σ_3
σ_2	σ_2	ϕ_2	e	ϕ_1	σ_3	σ_1
σ_3	σ_3	ϕ_1	ϕ_2	e	σ_1	σ_2
ϕ_1	ϕ_1	σ_3	σ_1	σ_2	ϕ_2	e
ϕ_2	ϕ_2	σ_2	σ_3	σ_1	e	ϕ_1

■

例題 5-18

正三角形を考えて，その頂点に$\{1, 2, 3\}$と番号をつける．対称群S_3の各要素は，この正三角形をどのように動かす操作に対応するのかを考えよ．

（問題の趣旨：対称群の応用事例）

解答

図5.13のように，$\sigma_1, \sigma_2, \sigma_3$は，それぞれの頂点から対辺への垂線を軸とした折り返しの操作に対応する．また，ϕ_1とϕ_2は，右回り，左回りに120° 回転させる操作に対応する．

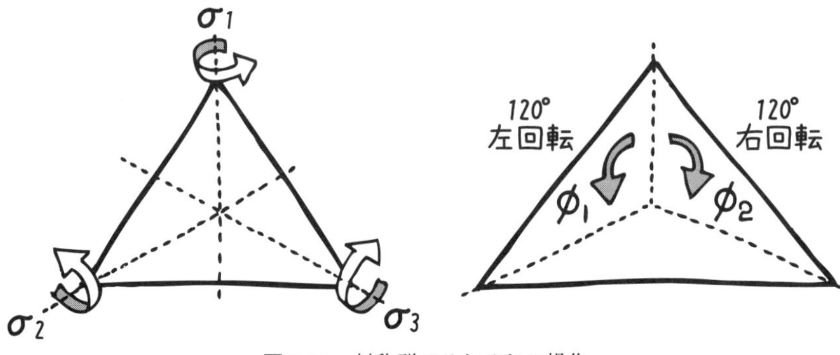

図 5.13　対称群のそれぞれの操作

■

例題 5-19

対称群 S_3 の部分群をすべて求めよ.

（問題の趣旨：対称群とその部分群）

解答

全部で 6 つ存在する.

$$g_1 = \{e\},\ g_2 = \{e, \sigma_1\},\ \ g_3 = \{e, \sigma_2\},\ \ g_4 = \{e, \sigma_3\},\ \ g_5 = \{e, \phi_1, \phi_2\},\ \ g_6 = S_3.$$

この問題の考え方のポイントとして，群になるためには単位元が存在しなければならないので e が必ず含まれること，逆元が存在することが保証されなければならないため，演算表（例題 5-17 の解答）を見ながら，演算結果が e になる相手を常に要素に含めるようにすればよい. ■

ちなみに，対称群の回転操作は，日常的によく見ることができ，例えば中華料理店にある，回転するテーブルなどは，その典型的な例となる（図 5.14）．ただし，この場合，回転操作のみで，折り返し操作はできない（もし折り返し操作をしてしまうと，一昔前の「ちゃぶ台返し」になってしまう）.

図 5.14 回転操作のみ．折り返しをすると大変．

5.10 環と体

これまでは，集合に1つの演算が定義された代数系を考えてきたが，ここから2つの演算が定義された代数系として，**環**と**体**について説明する．これらの説明を通して，われわれが最も身近で利用している四則演算の本質を明らかにする．

まず，環の定義を以下に示す．

環

次のような2種類の演算 $+$，$\times$ を持つ集合 R を**環**と呼び，$(R;+,\times)$ で表す．

1. $(R;+)$ は可換群となる．すなわち，

$$a+b = b+a,$$
$$(a+b)+c = a+(b+c),$$

が成立する．また，単位元を0で表した場合に，任意の a に対して

$$a+0=a.$$

また，a の逆元を $-a$ で表したとき，

$$a+(-a)=0,$$

となる．

2. $(R;\times)$ については，モノイドとなる．すなわち

$$(a\times b)\times c = a\times(b\times c),$$

が成立し，また，単位元を1で表した場合に，任意のaに対して

$$a \times 1 = a,$$

が成立する．

3. +と×の間に分配法則

$$a \times (b + c) = a \times b + a \times c,$$
$$(b + c) \times a = b \times a + c \times a,$$

が成立する．

このような環の性質をもった代数系で，われわれの最も身近な例として挙げられるのは「整数」である．すなわち，整数$\mathbb{Z}$と通常の加算+，乗算×を考えると，$(\mathbb{Z}; +, \times)$は環を構成する．もちろん，有理数$\mathbb{Q}$と通常の加算+，乗算×，$(\mathbb{Q}; +, \times)$の場合も，環を構成する．

また，Rを任意の環としたとき，Rの要素を係数とする多項式の全体

$$a_0 x^n + a_1 x^{n-1} + a_2 x^{n-2} + \cdots + a_n,$$

は，多項式の乗法と加法に関して，環を構成する．これを**多項式環**と呼ぶ．少し議論は乱暴になるが，代数的な構造の観点から，整数と多項式は同じ構造を持っており，整数でわかっている様々な知見が，多項式においても同様に当てはまる，ということになる．

次に**体**の定義について紹介する．

体

環であり，0以外の要素は乗法に対して群を構成するとき，**体**という．

体の性質を持つ代数系で，われわれの最も身近な例として挙げられるのは「有理数」である．すなわち，有理数$\mathbb{Q}$と通常の加算+，乗算×，$(\mathbb{Q}; +, \times)$は体を構成する．もちろん，実数$\mathbb{R}$および複素数$\mathbb{C}$も体を構成する．有限な集合から構成される体を有限体と呼び，符号理論などで，この構造をもった代数系が活躍することになる．環と体についての詳しい解説については，本書の範囲

を超えるため，興味をもった読者は関連する専門書をひもといてほしい．

5.11　代数系の応用事例

情報系における代数系の最も身近な応用事例は，なんといっても「暗号」である．われわれが安心してメールを送信できるのも，またクレジットカードを利用して簡単にネットショッピングできるのも，それら重要な秘密情報を第3者にわからない形に変換する強力な暗号によって守られているからである（図5.15）．暗号について説明は，あまりにも内容が多すぎるので，ここでは代表的な公開鍵暗号方式のみにしぼり，またコアになっている考え方のみを紹介する．興味のある読者は，専門書をひもといてほしい．現在利用されている**公開鍵暗号方式**は，主に2つの問題に帰着することができ，それぞれの上で様々な暗号が開発されている．

1つめの問題は**素因数分解問題**である．この考え方をベースにしている代表的な暗号としては，**RSA暗号**や**Rabin暗号**などが挙げられる．

図5.15　世の中にあふれる暗号技術

素因数分解問題

大きな2つの素数を掛け合わせた結果を求めることは非常に簡単である．一方，掛け合わせた合成数から，もとの2つの素因数を求めることは非常に難しい問題であり，この問題のことを**素因数分解問題**と呼ぶ．

素因数が非常に大きい場合に，素因数分解に膨大な時間がかかるため，素因数分解問題が数学的に解きにくい問題，すなわち，解読しにくい暗号のコアとなるという理屈である．

2つめの問題は**離散対数問題**である．この考え方をベースにしている代表的な暗号としては，**ElGamal 暗号**，**楕円曲線暗号**，**DSA 暗号**などが挙げられる．

離散対数問題

合同式

$$a^x \equiv y \quad (mod \quad p)$$

において，a と x がわかっている場合に，y を求めることは非常に簡単である．ところが，a と y がわかっていても，y の対数を求めることは非常に難しく，これを**離散対数問題**と呼ぶ．

ここでも，p として大きな素数を選択すると，それだけ強力な暗号を得ることができる．

5.12　AIと代数系

本書において繰り返し述べているように，現在，主流となっているデータ駆動型 AI には大量の教師データが必要である．よって，データ駆動型 AI に大きく依存している分野にとって，データは貴重な宝物となる．第1章において，この大量のデータの集合の調達には，膨大な時間とお金が必要であることに言及したが，実は，そのほかにも，調達を阻害する要因がある．それは，**プライバシー保護の問題**である．プライバシーとは，一般に，「他人の干渉を許さない，各個人の私生活上の自由」のことを示しており，別の言い方にすると「自分が他人に知られたくない情報」ということになる．特に，インターネットが普及してから，個人のプライバシーの保護に関して注意されるようになってきている．インターネットでは，不特定多数の人が活動・利用しているため，本人に断りなく，個人の氏名や住所，写真，私生活上の事実や秘密など，他人のプライバシーに関わる情報を公開してしまうと，取り返しのつかない事態を引

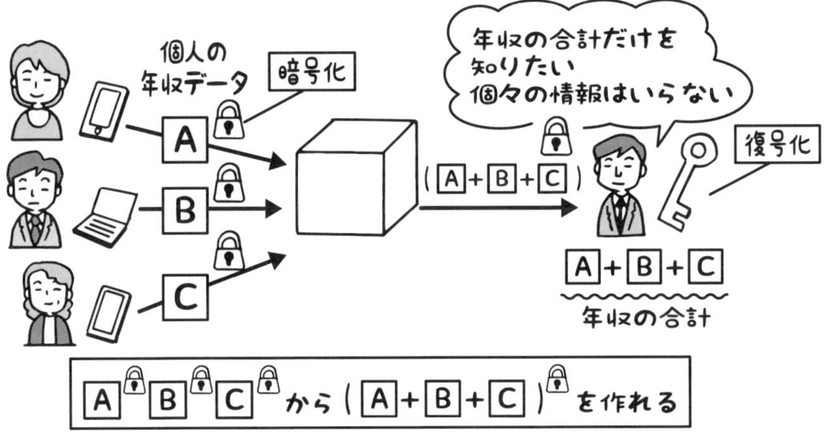

図 5.16　準同型はプライバシー保護の切り札

き起こしてしまう．一方で，これらのプライバシーに関わるデータを積極的に使わなければ発展しない分野もあり，例えば，医療分野などが，その典型として挙げられる．つまり，自分自身の病気について他人に知られたくはないが，これらの病気のデータの蓄積がなければ，病気の早期発見や新しい治療法の開発が進まないといった側面もある．この相反する要求を解決するための技術として注目されているのが，**準同型暗号**である．

この準同型暗号は，文字通り，5.7 節の準同型写像の性質を利用したものになる．これを，図と例を使ってわかりやすく解説しよう．例えば，みなさんが他人に最も知られたくない情報の 1 つに「年収」が挙げられるだろう．一方で，例えば，自治体で，当該地域に住んでいる住民が全体でどの程度稼いでいるのかを知りたいというタスクが発生したとする．個々のプライバシーを守りながら，このタスクが実行できるかどうかを考える．

ここで説明を簡単にするために，この地域には，A さん，B さん，C さんの 3 人しか住んでいないとする．図 5.16 に示すように，A さん，B さん，C さんは，他人に年収を知られたくないので，自身の年収データを暗号化する（図中の鍵マークは，暗号化されているという意味）．このように一旦暗号化すると，ほかの人たちにとっては，まったく意味のない数文字列の羅列にしか見えなくなる．これを行政側の管理するサーバーに，A さん，B さん，C さんがそれぞれアップする．行政側の人にとっても，A さん，B さん，C さんの暗号化された年収データは，まったく意味のない数文字列の羅列にしか見えなくなる．

ここでそれぞれの年収を暗号化する際に，準同型暗号を使っておくと，サーバー上で，A さん，B さん，C さんの暗号化された年収データから，A さん，B さん，C さんの年収データの合計値を暗号化したものを作り出すことができることになる．最終的に，行政側の担当者が，A さん，B さん，C さんの年収データの合計値を暗号化したものを受け取り，これを復号化することで，A さん，B さん，C さんの年収データの合計値を知ることができることになる（図 5.16 右）．ここで重要なのは，一連のプロセスにおいて，本人を除き，誰も年収データを知ることができないということである．このような，準同型暗号の技術が用いられれば，年収データのほか，他人に知られたくない医療データなどを社会全体の発展の AI のために利用することができると期待されている．

参考文献

[1] Seymour Lipschutz（著），成嶋 弘（翻訳），「離散数学－コンピュータサイエンスの基礎数学（マグロウヒル大学演習）」，オーム社 (1995)（特に第 9 章）．
[2] 石村 園子，「やさしく学べる離散数学」，共立出版 (2007)（特に第 3 章）．
[3] 星 明考，「群論序説」，日本評論社 (2016)
[4] 野崎 昭弘，「なっとくする群・環・体」講談社 (2011)．
[5] 新妻 弘，木村 哲三，「群・環・体入門」，共立出版 (1999)．
[6] 一松 信，「暗号の数理－作り方と解読の原理」（ブルーバックス），講談社 (2005)．
[7] 辻井 重男，「暗号 情報セキュリティの技術と歴史」，講談社 (2012)．

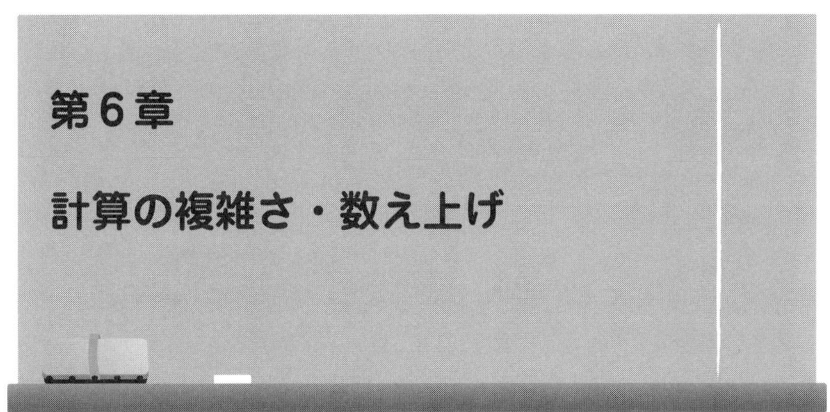

第6章 計算の複雑さ・数え上げ

6.1　はじめに

まず最初に，あるラーメン屋のメニューの説明文を紹介する．そのメニューの説明文は,「ラーメンの麺の太さ（太麺，細麺），硬さ（5種類），味の濃さ（3種類），チャーシューの有無…（中略），また数種類のトッピングからいくつか選んでください．最終的に，あなたのお好みにあわせたラーメンは39万2000通りにもなります.」というものである．まずこの膨大な組合せの数に，お客さんは驚くであろう．そして他人とは異なる独自の組合せのラーメンを発見できること，さらには約40万という膨大な組合せの中から自分好みのラーメンを探求できるロマンを感じることができるのかもしれない.（図6.1).

図6.1　ラーメンの可能性は果てしなく広がる

第11回目
開始（0分）

これは，われわれの選択肢（例えば麺の太さ）を，現実的に考えることのできる範囲内（例えば2種類）で，しかも，それらをほんの数回だけ組み合わせるだけで，最終的には途方もない数の選択肢になるという，組合せ爆発の現象をポジティブに活用した見事な例である．

ラーメンのようなポジティブな例もあるが，逆にネガティブな例もある．例えば，「コンビニでお昼を買う」，「図書館で本を借りる」，「郵便局で郵便を出す」，「薬屋で目薬を買う」といった用事を，1日ですませなければならない場面を想定する．ここで注目してほしいのは，用事の内容ではなく，自宅のほかにコンビニ，図書館，郵便局，薬屋という異なる4箇所のチェックポイントを通過しなければならない点である．多くの人は，移動による疲労を最小限に抑えるため，自宅を出発後，これらをできる限り短いルートで効率よく巡回し，自宅に戻ってきたいと考える．そのような経路を見つけるための巡回経路の数は，以下の手順で求めることができる．

出発点である自宅は除いて，まず一番最初に訪問する場所として，すべての場所「コンビニ，図書館，郵便局，薬屋」が考えられるので，4種類となる．次の訪問場所は，その中から1つ除いた3種類，その次の場所は2種類…と候補の数は減ってゆき，最終的な組合せは

$$4 \times 3 \times 2 \times 1 = 24\,(\text{種類}),$$

となる．この程度の数であれば，すべての経路の長さを片っ端から調べてみることで，最も短い巡回経路を見つけることができるかもしれない．

では，これを10地点に増やすと，

$$10 \times 9 \times \ldots \times 1 = 3,628,800\,(\text{種類}),$$

となり，調べなければならない巡回経路の候補の数は，一気に300万を超えてしまう．この場合，人手で調べるのは難しいので，コンピュータを使えば，最も短い巡回経路を見つけることができるかもしれない．

では，10地点から20地点，30地点，あるいはもっと数が多い場合でも，コンピュータで対応できるかといえば，そうではない．例えば，訪問する場所の数が30地点になると，巡回経路の候補の数が膨大すぎるため，最先端のコン

ピューターをもってしても，われわれが生きている間に調べきることができない．しかし，訪問場所の数が 20 地点，30 地点という状況は，ごく日常的に発生する数であり，そのような平凡な数にもかかわらず，われわれにとって解くことが難しい，いわゆる**難しい問題**となってしまうのである（図 6.2）．

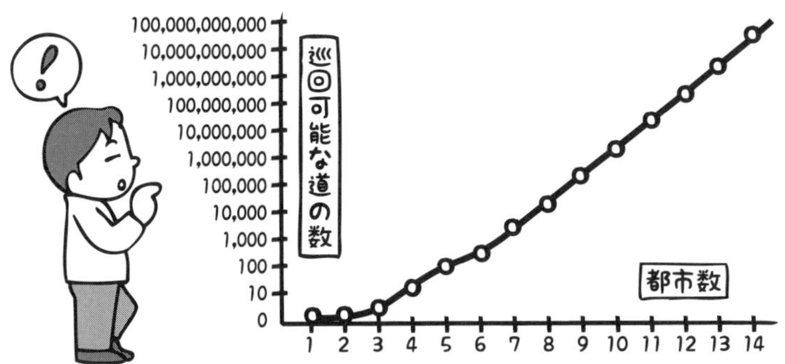

図 6.2 縦軸にルートの数，横軸に地点数を示したもの．爆発的に増加する様子がわかる

この例は，通称，**巡回セールスマン問題**と呼ばれる問題であり，世の中に存在する最も計算が困難な問題の 1 つでもある．このほかにも，AI・情報の世界には，常識的な範囲内の組合せであるにもかかわらず，実際に取り組んでみると，途方もない組合せになってしまう難しい問題がある．本章では，このような難しい問題の事例をいくつか紹介するとともに，それらの基礎となる数え上げの方法について説明する．

6.2 単純で難しい分割問題

数え上げの説明に入る前に，もう 1 つ，身近な計算困難な事例として**分割問題**を紹介する．文字通り，ここで紹介する事例は分割に関するものである．分割問題の身近な例として，近所のこどもたちが集まり，サッカーやドッジボールで遊ぶ場面を想定する．ここで問題となるのは，どのように全員を 2 つのチームに分けるのか，という点である．

チームを分ける手法として，例えば，ランダムに 2 人ずつに分かれて，それぞれ，じゃんけんを行い，勝った人は A_1 チーム，負けた人 A_2 チーム，に分かれるような方法が考えられる．しかし，この場合，ランダムに2人ずつ分かれるため，各人の力量を考慮していない．よってチーム分けをしたあと，それぞれのチーム全体の力のアンバランスが発生する場合が多い（図6.3）．

図6.3　アンバランスなチームに分かれてしまった様子

このようなアンバランスの問題を解決するために，ランダムに2人ずつに分かれるのではなく，お互いに力量（体格，能力）の近い2人がじゃんけんを行い，できるだけチーム全体の戦力差が小さくなるような割り振りをする方法も考えられる．あるいは，一旦，全員を力量の順に並べて，代表者が「君はAチーム．次の君はBチーム」というように，チームの全体の戦力差が最小になるように，適切に振り分けるという方法も考えられるかもしれない．

どのような方法が適切であるかという議論は置いておき，この問題自体の難しさと，数学的な構造を明らかにする．冒頭でも述べたように，このチーム分けの事例は，集合の分割に強く関連するため，再度ここで集合の分割の定義を述べる（3.7節参照）．

分割

S を任意の空でない集合とする．S の**分割**とは次の (1) および (2) を満たす S の空でない部分集合からなる集合族 $\{A_i\}$ である

(1) S の各要素 a は1つの A_i に属する

(2) $\{A_i\}$ の各集合は互いに素である．すなわち

$$A_i \neq A_j \quad ならば \quad A_i \cap A_j = \emptyset,$$

である．言い換えると，S の分割とは，S の重複のない部分集合への細分のことである．分割の各部分集合は**細胞**と呼ばれる．

チーム分けの事例に当てはめると，分割の作業は，こどもたちの集合 S の各要素を，仲間はずれのないように，チーム A_1 かチーム A_2 のいずれかに振り分けることになる．またそれぞれの要素には，力量（あるいは技量）があり，それらの総和をチーム間でできるだけ少なくなるようにしたい．なぜならばチーム間でバランスがとれていた方が，白熱したゲームの展開が期待できるからである．また，類似した事例としては，遺産を兄弟で分割する場合，できるだけ分割後資産の価値に差がないようにするのが，兄弟げんかを避けるために重要である．

では，具体的に分割の問題を解くことを考える．これ以降，集合の要素は a,b といった記号ではなく，それぞれの要素の力量，あるいは価値を表す自然数を対応させることにする．よって，同じ数字が繰り返し出現しても，それは異なる要素として取り扱うことにする．

例題 6-1

集合 $S = \{1,2,5,6,2,4,10,7,2,9\}$ を 2 つの細胞に分割することができるかどうか調べよ．その場合，2 つの細胞内の要素の総和が等しくならなければならない．

（問題の趣旨：分割問題の理解）

解答

例えば，$A_1 = \{1,2,2,4,5,10\}$, $A_2 = \{2,6,7,9\}$ に分割できる．この場合，それぞれの細胞の持つ要素の総和は，24 となる（図 6.4）．

図6.4　分割問題を単純化したイメージ

■

上記の例題を，直観に基づいて解いた読者もいれば，何か系統的な解法をすでに知っていて，それに基づいて解いた読者もいるかもしれない．この章では，これらのアルゴリズムを説明することが主旨ではないので，アルゴリズムの詳細については割愛する．興味のある読者は関連図書をひもといてみるとよい．

さて，分割問題は，思ったよりも簡単に感じられたかもしれない．では，分割問題の本質的な難しさを感じてもらうために，さらに次の分割問題を解いてほしい．

例題 6-2

次の集合 S_1, S_2, S_3 を2つの細胞に分割することができるか検討せよ．その際，2つの細胞内の要素の総和が等しくならなければならない．

$S_1 = \{954, 454, 765, 48, 935, 791, 396, 26, 779, 126\}$

$S_2 = \{385, 194, 309, 819, 584, 446, 331, 899, 994, 125\}$

$S_3 = \{299, 452, 827, 309, 370, 593, 104, 82, 967, 51\}$

（問題の趣旨：分割問題の難しさの理解）

解答

S_1 は，細胞の要素の総和が等しくなる分割は存在しない．

S_2 は，以下の分割の方法が1つ存在する．

$A_1 = \{385, 309, 819, 584, 446\}$, $A_2 = \{194, 331, 899, 994, 125\}$. ここで，それぞれの総和は 2543 となる．

S_3 は，以下の分割の方法が 2 つ存在する．
$A_1 = \{299, 452, 309, 967\}$, $A_2 = \{827, 370, 593, 104, 82, 51\}$. あるいは $A_1 = \{299, 309, 370, 82, 967\}$, $A_2 = \{452, 827, 593, 104, 51\}$. ここで，それぞれの総和は 2027 となる．■

例題 6-2 は，例題 6-1 に比べて格段に難しく感じたのではないだろうか？また，S_1 のように，条件を満たすような分割が存在しないものも含まれており，このことを明らかにするには，分割の候補を片っ端から調べるしか方法はなく，これを人手で行うのは非常に大変である．よって，例題 6-2 の解答は，いずれもコンピュータを用いて求めたものである．

分割問題において，集合の要素数が n 個の場合，分割できるか否かをチェックするには，細胞が空になる場合を除いて，$2^{n-1} - 1$ の候補をチェックしなければならない．例えば $S = \{a, b\}$ の場合は，$n = 2$ であり，候補として

$$
\begin{aligned}
&(1) \qquad A = \{a, b\},\ B = \{\},\\
&(2) \qquad A = \{a\},\ B = \{b\},\\
&(3) \qquad A = \{b\},\ B = \{a\},\\
&(4) \qquad A = \{\},\ B = \{a, b\},
\end{aligned}
$$

の 4 つが考えられるが，このうち (1) と (4) は，細胞が空になってしまうためチェックしなくてもよい．また (2) と (3) は記号を入れ替えれば本質的に同じことなので，片方をチェックすればよい．なので，$2^{2-1} - 1 = 1$ 通りをチェックすればよい．このような $n = 2$ の場合は，小さな数であるが，n が大きくなるにつれて，チェックすべき数が爆発的に多くなってしまう（表 6.1 を参照）．ちなみに，この集合の分割の数については，3.8 節においても詳しく解説したベル数に対応する．この分割問題も，単純そうに見えて，実際に取り組むと非常に難しい問題であり，実は，世の中において難易度が最も高いクラスの問題に与えられる称号 **NP 完全**というクラスの問題でもある．

表 6.1　集合の要素数とチェックすべき候補数の関係

n	チェックすべき候補数
2	1
5	15
10	511
15	16,383
20	524,287
30	536,870,911
50	5.6295×10^{14}
100	6.33825×10^{29}

第11回目
30分経過

6.3　数え上げの原理

これまで紹介してきた巡回セールスマン問題や分割問題は，いずれも，すでに問題の複雑さについて明らかになっているものであった．しかし，現実の世界では，複雑さが明らかになっている問題はほんのわずかであり，複雑さが未知の問題に取り組まねばならない場合が多い．この節では，取り組むべき問題が，どの程度の複雑さを持っているのかを明らかにする際に役立つ，**数え上げ**という数学的道具を紹介する．

数え上げの原理

ある事象における選択肢が n_1 個，ひきつづき発生する2番目の事象における選択肢が n_2 個さらに3番目の事象における選択肢の数が n_3 個という順序で発生したとき，この場合の数は

$$n_1 \cdot n_2 \cdot n_3,$$

となる．

この数え上げの原理は，ちょうど冒頭で紹介したラーメンの多様性の背景にある考え方であり，また情報系の分野においては，プログラムのテストなどで

も登場してくる.

▌例▌ プログラムのテストに関する事例を紹介する. これは, ある会社において, ネット上の新しいサービスを始める際のテストに関するものである. 注目すべきポイントは, そのサービス課金部分のプログラム開発を担当するプログラマの仕事ぶりである.

ここで開発しているプログラムでは, クレジットカードの番号と所有者情報を入力したあと, それをカード会社に照会し, 正しい情報であれば, 決済完了画面へ遷移し, 誤った情報であれば, 入力情報の修正画面へ遷移する機能を搭載予定とする. このプログラムがうまく機能するか否かを調べるテストでは, 1) 正しいクレジットカードの情報と 2) 間違ったクレジットカードの情報, の 2 種類について調べればよい. すなわち $n_1 = 2$ となる.

プログラムの実装が終わって, ほっとしていたところに, 上司から, 「このサービスを一度でも利用したことのある人には, さらなる特典として, 5% 割引をしてあげよう」という指令が下った. 上司に逆らえないプログラマは, これらの機能をプログラムとして実装し, テストすることになる. この場合, クレジットカードが, このサービスにおいて, 過去に利用されたことのあるものであるかどうかを照合する機能が必要になるので $n_2 = 2$ となり, $n_1 \times n_2 = 2 \times 2 = 4$ 通りのテストを行わなければならない.

テストが無事に終わって, ほっとしていたプログラマに対して, さらに上司から, 「このサービスを利用した人には, 毎回決済後に, お礼のメールを発信しよう」という指令が下る. プログラマは, 内心「またか・・・」と思っているが, 上司に逆らえないので, しぶしぶ, これらの機能をプログラムとして実装し, テストすることになった. この場合, まず, 決済の際に, 利用者にメールアドレスを入力してもらう機能を搭載することになり, またメールを自動発信する機能も追加しなければならない. それぞれ, $n_3 = 2$ (メールアドレスが正しく入力されているか否かの判定) と $n_4 = 2$ (メールが正しく発信されたか否かの判定) となり, $n_1 \times n_2 \times n_3 \times n_4 = 2 \times 2 \times 2 \times 2 = 16$ 通りのテストを行う必要がでてくる. 以降, わがままな上司が, あといくつかの機能追加を要求してくれば, さらにテストすべき組合せは増えて, あっという間に数万, 数億の

図6.5　上司にあれこれ言われて，翻弄される部下

テストケースをチェックしなければならなくなり，プログラマは寝るまもなくテストに奔走しなければならなくなる（図6.5）．

これは冗談のような話にきこえるが，実社会では，毎日のように世界中で起こっている事象であり，発生する組合せの数は，もっと大きい．このため，テストで抽出しきれなかったエラーによってシステム障害が発生し，その復旧に追われて泣く技術者が絶えない．本書を読んだ読者の皆さんは，ぜひ，このようなことにならないよう，クライアントからのリクエストを手放しに受け入れるのではなく，プログラムのテストを視野に入れて，必要最低限の機能の実現，そして，テストケースすべてをカバーするのが難しい場合，本質的な部分のみをテストするようなプランニングを行うエンジニアになってほしい．

例題 6-3

電話番号に関して「090-CDEFGHJK」，ここでCは0を除く1～9の数，DEFGHJKは0～9の数をとることができる，というルールを設定する．この場合，どれだけ異なる電話番号を設定できるか？

（問題の趣旨：数え上げの理解）

解答

$9 \cdot 10 \cdot 10 \cdot 10 \cdot 10 \cdot 10 \cdot 10 \cdot 10 = 90{,}000{,}000$ ということで9千万種類の番号を確保することができる．■

例題 6-4

カレーを作っている場面を考える．ここで，調整可能なスパイスがA, B, C, D, E, Fあり，それぞれAが3段階，Bが2段階，Cが5段階，Dが4段階，Eが3段階，Fが5段階の調整が可能である．さて，最終的にできあがるカレーの候補は，どのくらいになるか？

（問題の趣旨：数え上げの理解）

解答

$3 \cdot 2 \cdot 5 \cdot 4 \cdot 3 \cdot 5 = 3,600$ということで3,600種類．1日1種類食べるとすれば，約10年もかかってしまう．■

例題 6-5

$A = \{a, b, c\}$，$B = \{0, 1\}$，$C = \{2, 3, 4\}$とする．

(1) AからBへの写像はいくつ定義できるか？

(2) AからCへの写像はいくつ定義できるか？

(3) BからCへの写像はいくつ定義できるか？

（問題の趣旨：写像の定義と数え上げとの対応の理解）

解答

(1) 集合Aの要素aを考えたとき，これが集合Bのどの要素に対応するのかの選択肢は，Bの濃度になるため2となる．集合Aのその他の要素bやcについても同様に選択肢は2となる．写像の定義は，集合Aの各要素に，それぞれのBの要素がただ1つ対応していればよいので，定義できる写像の数は，集合Aのそれぞれの要素の選択肢を数え上げたものになる．よって，$2 \times 2 \times 2 = 8$個が定義できる写像の個数となる．より一般化すると

$$|B|^{|A|} = 2^3 = 8,$$

のように求めることができる．

(2) も同様に

$$|C|^{|A|} = 3^3 = 27,$$

のように求めることができる.

(3) も

$$|C|^{|B|} = 3^2 = 9,$$

と求められる. ■

6.4　順列と二項係数

「ある集合からいくつかを選抜する」という作業は, 世の中のいたるところで行われており, 身近なところでは, 野球チームの先発メンバの選択, あるサッカークラブにおける代表選手の選抜, ある学級における委員（放送委員や図書委員など）の選抜, などがある. このような作業における組合せの数については, 2つ数え上げの方法がある. 1つめは選抜したあとの順番も意味を持つ**順列**と, 2つめは順番の意味を考えない**二項係数**である. 以下, それぞれを紹介する.

6.4.1　順列

順列

n 個の異なった集合から r 個 $(r \leq n)$ 取り出して1列に並べたものを, n 個の集合から r 個取り出す**順列**と呼び, その組合せは

$$ {}_nP_r = \frac{n!}{(n-r)!}, $$

で計算できる. 順列は, 取り出したあとの順番も意味を持つ.

以下, 順列に関する例題をいくつか解いてもらいながら, その意味を実感してほしい.

例題 6-6

A 君の通っている大学の学食では，わずか 8 種類のランチメニューしか用意されていない．月曜日から金曜日までの 5 日間，同じものをランチとして食べると飽きてしまうので，日ごとにメニューを変えて，毎回必ず異なるメニューを食べるとする．この場合，どのくらいの組合せになるか？

（問題の趣旨：順列の理解）

解答

8 種類のメニューの中から，月〜金曜日までのランチ 5 種類を選ぶので，

$$ {}_8P_5 = \frac{8!}{(8-5)!} = 8 \cdot 7 \cdot 6 \cdot 5 \cdot 4 = 6720, $$

となる．なんと 6720 週分（100 年以上），異なる食べ方があることになる！（A 君が入学から卒業までの間で，その食べ方を実践することは難しい．（図 6.6））．ここでは（月，火，水，木，金）=（カレー，うどん，ラーメン，牛丼，パスタ）と，その逆順に並べた（月，火，水，木，金）=（パスタ，牛丼，ラーメン，うどん，カレー）は異なるものとして扱われることになる．■

図 6.6 毎週異なる順番で学食のメニューに挑戦するうち・・・年をとってしまった A 君

例題 6-7

自宅を出発し，n 箇所の地点を，それぞれ1回だけ訪問し，ふたたび自宅に戻る経路の数はどのくらいになるかを求めよ．

（問題の趣旨：順列と巡回セールスマン問題の対応）

解答

この場合，n 箇所の地点から，n 箇所の地点を選び順番に並べることになるので，

$$_nP_n = \frac{n!}{(n-n)!} = \frac{n!}{0!} = n!,$$

となる．これは，この章の冒頭で紹介した巡回セールスマン問題の経路の候補数に対応している．■

例題 6-8

A から B への写像 $f : A \to B$ を考える．

(1) $|A| = 2$，$|B| = 2$ のとき，単射と全単射はそれぞれいくつ定義できるか？

(2) $|A| = 3$，$|B| = 3$ のとき，単射と全単射はそれぞれいくつ定義できるか？

(3) $|A| = 3$，$|B| = 4$ のとき，単射と全単射はそれぞれいくつ定義できるか？

(4) $|A| = 4$，$|B| = 3$ のとき，単射と全単射はそれぞれいくつ定義できるか？

（問題の趣旨：単射と全単射の定義の理解）

解答

それぞれの個数について解答を示す前に，単射と全単射の定義をもう一度復習する．写像と集合の濃度で説明したように，単射が定義できるためには，$|A| \leq |B|$ でなければならない．これが満たされたならば単射が定義できるので，次に「定義域 A の異なる要素が異なる像を持つ」ようにする写像を数えればよい．これは，定義域 A の要素に，それぞれ，値域 B の要素を取り出して，割り当ててゆくことに対応する．定義域 A の1つめの要素については，値域 B のどの要素を割り当ててもよいので，$|B|$ 通り．定義域 A の2つめの要素については，値域 B のどの要素を割り当ててもよいので，$|B| - 1$ 通り．定義域 A の3つ

めの要素については，値域 B のどの要素を割り当ててもよいので，$|B|-2$ 通り．のように考えてゆけば，順列を計算することになるので，${}_{|B|}P_{|A|}$ が単射の個数となる．

また，全単射の場合，$|A|=|B|$ でなければならない．これが満たされれば，全単射の個数を求めることは，すなわち単射の数と同じになるので，$|A|=n$ とすれば，$n!$ が全単射の個数となる．

以上から，(1) $|A|\leq|B|$ を満たすので，単射が定義でき，その数は，${}_2P_2=2!=2$ 個となる．また，$|A|=|B|$ も満たすので，全単射が定義でき，この場合の数は単射と等しくなるので，2 個となる．

(2) $|A|\leq|B|$ を満たすので，単射が定義でき，その数は，${}_3P_3=3!=6$ 個となる．また，$|A|=|B|$ も満たすので，全単射が定義でき，この場合の数は単射と等しくなるので，6 個となる．

(3) $|A|\leq|B|$ を満たすので，単射が定義でき，その数は，${}_4P_3=4\times3\times2=24$ 個となる．また，$|A|\neq|B|$ なので，全単射は定義できない．

(4) $|A|\leq|B|$ を満たさないので，単射，全単射，ともに定義できない．■

例題 6-9

A から B への写像 $f:A\to B$ を考える．

$|A|=4$，$|B|=3$ のとき，全射はいくつ定義できるか？

（問題の趣旨：全射の定義の理解）

解答

この問題，実は，単射とはまったく異なる考え方で解かなければならない．具体的には，第 1 章に登場した包除原理を使って，「異なる n 個のモノを異なる k 個の容器に入れる．ただし，それぞれの容器には最低 1 つ入るようにしなければならない」という問題を解くことと同様に考えることができる．ここで，異なる n 個のモノは，定義域 $|A|$ のそれぞれの要素，異なる k 個のモノは，定義域 $|B|$ のそれぞれの要素に対応する．このように考えれば，この場合の全射の数は，第 1 章の組み分け問題と同じと考えることができるので，36 個となる．

■

第11回目
60分経過

6.4.2　二項係数

これまでは選抜したあとの順番を考慮してきたが，ここからは順番を考慮しない二項係数を紹介する．

二項係数

n 個の要素を持つ集合から，順番は考えずに r 個取り出した組を二項係数と呼び，

$$ {}_nC_r = \frac{n(n-1)(n-2)\cdots(n-r+1)}{1\cdot 2\cdot 3\cdots(r-1)r} = \frac{n!}{r!(n-r)!}, $$

と書く．

例題 6-10

1) 集合 $\{a,b,c,d\}$ より3個取り出す順列をすべて列挙せよ．
2) そのうち，順番を考慮しない場合に，同じ組合せになるものをまとめると，何組になるか求めよ．
3) 組合せの公式 ${}_nC_r$ に基づき，2) と同じ数になることを確認せよ．

（問題の趣旨：二項係数の理解）

解答

1) $\{a,b,c\}$, $\{a,b,d\}$, $\{a,c,b\}$, $\{a,c,d\}$, $\{a,d,b\}$, $\{a,d,c\}$, $\{b,a,c\}$, $\{b,a,d\}$, $\{b,c,a\}$, $\{b,c,d\}$, $\{b,d,a\}$, $\{b,d,c\}$, $\{c,a,b\}$, $\{c,a,d\}$, $\{c,b,a\}$, $\{c,b,d\}$, $\{c,d,a\}$, $\{c,d,b\}$, $\{d,a,b\}$, $\{d,a,c\}$, $\{d,b,a\}$, $\{d,b,c\}$, $\{d,c,a\}$, $\{d,c,b\}$.

2) $\{a,b,c\},\{b,c,d\},\{a,c,d\},\{a,b,d\}$ の4組，3) $\dfrac{4!}{3!(4-3)!} = 4$. ■

例題 6-11

ある柔道チームにおいて全選手の8名のうち，5名が選抜されて遠征することとなった．何通りの選抜方法があるか求めよ．

（問題の趣旨：二項係数の理解）

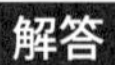

$n = 8$，$r = 5$ なので，

$$ {}_8C_5 = \frac{8 \cdot 7 \cdot 6 \cdot 5 \cdot 4}{5 \cdot 4 \cdot 3 \cdot 2 \cdot 1} = 56. \quad \blacksquare $$

6.5　順列と二項係数の応用事例

数え上げのツールの情報分野における応用事例はあらゆるところで見ることができる．そのなかでも，2つの身近で代表的な例を紹介する．

6.5.1　応用事例 1：検索エンジンと順列

例えば，世の中に存在する Web ページの数を n ページとする．ユーザーは検索エンジンに，何か調べたいキーワードを入力すると，検索エンジンは，何らかの評価指標に基づいて，そのキーワードに関係するページを上位 r 件提示してくれることになる．ここで上位 r 件は，ランキング形式で表示されるため，この検索結果の出力は順列で表現でき，

$$ {}_nP_r = \frac{n!}{(n-r)!} $$

となる．現在の世の中に存在する Web ページの数は，非常に膨大な数となっており，そこから上位 10 件をランキング形式で選び出す選択肢は，さらに膨大な数になる．われわれが普段利用している検索エンジンは，それらの膨大な選択肢の中のほんの 1 つを提示しているにすぎない．

ところで，Web が本格的に普及しはじめた当時，世の中に数多くの検索エンジンが乱立していた時代があった．それぞれの検索エンジンは，上の例に示したような膨大な選択肢の中から，独自のアルゴリズムを用いて，ユーザーが求めているであろう情報を推測し，検索結果として 1 つの選択肢を提供していた．やがて，検索エンジンの中でも，ユーザーのニーズにあった検索結果を出す検索エンジンが優秀と認められ注目される．その評判がさらに多くのユーザーを呼び込む．逆に，そのほかの検索エンジンはユーザーに注目されなくな

り，淘汰される．その結果，現在のような状態に至っている．

情報検索は，われわれにとって最も身近な分野でもあるがゆえに，比較的，簡単に実現できているように思われがちであるが，数え上げの観点から見ると，非常に難しい問題を取り扱っている分野であることがわかる．

今後のWebの時代においては，このような難しい問題が次々と登場してくるであろうし，読者の皆さんは，それに立ち向かってゆかねばならない立場になるであろう．この章で紹介したツール，またこの本において紹介した数学的知識を武器に勝ち抜いていってほしい．

6.5.2　応用事例2：情報推薦と二項係数

例えば，あるECサイト（ネットを利用した販売サイト）で取り扱っている商品の数をn種類とする．このECサイトでは，訪れたユーザーに対して，「あなたには，こんな商品もお薦めですよ」というフレーズとともに，r種類の商品を提示する．第2章でも少し触れたレコメンデーションは，このような形で行われる．ここでは特に，ランキングはつけずに，適当なスペースにr個並べるような形式について考える．この推薦の過程は，n種類からr個を選び出すことに対応するため，二項係数で表現でき，

$$
{}_nC_r = \frac{n(n-1)(n-2)\cdots(n-r+1)}{1\cdot 2\cdot 3\cdots(r-1)r} = \frac{n!}{r!(n-r)!}
$$

となる．Webページほどではないが，ECサイトで取り扱う商品の種類は，数千から数万点程度は考えられる．その中から数種類選び出す選択肢が，膨大な数になることを実感できるだろうか？　検索エンジン同様，われわれの普段利用しているECサイトで採用している推薦のアルゴリズムは，それらの膨大な選択肢の中のほんの1つを提示しているにすぎない．

現在も，次々と新しいECサイトが開設され，さらにその中では当然のように情報推薦が行われるようになってきている．情報検索と同様に，情報推薦は本質的に非常に難しい問題であるが，同時に，ここで優秀なアルゴリズムを提案することができれば，Webの検索エンジン同様に，淘汰の時代を生き抜くことができるであろう．

6.6 AIと計算の複雑さ

2016年3月15日，世界中を震撼させるニュースが流れた．AIが囲碁のトッププロに勝利したというニュースである．それまで，囲碁は，チェスや将棋に比べ難解なゲームであり，AIはプロの棋士に勝てないという楽観が世間を支配していた．そんな中，Google DeepMind社によって開発された囲碁プログラムAlphaGOが，人間の囲碁棋士であるイ・セドルに勝利した．しかも，4勝1敗というAlphaGoの圧倒的な勝利であったため，世界中の人々は震え上がった．この時，人々にとって，AIが驚異から脅威の存在に変わった．

さて，AlphaGoの圧倒的な強さの秘密は**深層強化学習**という手法にあると言われている．この詳細な解説は本書の範囲を超えるので，この節では，その基礎となる**強化学習**にしぼり，本章の計算の複雑さと関連して解説を行う．

強化学習は，これまで本書で紹介してきたAIの代表選手である深層学習（教師あり学習）とは少し異なる．共通するところは，強化学習も教師あり学習も，学習というプロセスを通して，タスクに対する正解率や成功率などを向上させてゆくところである．学習のプロセスでは，正解すれば報酬がもらえて，不正解の場合には報酬がもらえない（逆に，負の報酬が与えられる場合もある）．報酬に基づいて学習するところは共通しているが，その報酬の与えられ方が決定的に異なる．教師あり学習では，**即時報酬**と呼ばれる方式を採用しており，例えば，深層学習では，何かの画像を入力して，それが何であるのかを出力するようなタスクの場合，出力が出た瞬間に，それが正解か不正解がわかるので，すぐに報酬を与えるか否かを決めることができる．具体的には，図6.7に示すようにこどものすぐ後ろに先生が座り，うまく弾けたら褒められ，間違っていたら，すぐにそれを指摘される，といったことに対応する．

一方，強化学習とは，**遅延報酬**と呼ばれ，いくつかの動作（アクション）がなされたあと，それらの一連の動作が良かったのか，悪かったのかの評価が行われ，報酬が与えられる．身近な例でいえば，サッカーやバスケットなどの複数人による連携プレーが行われるような場合が対応する．例えば，ある選手のパスがよかったか，どうかは，その時点での判断は難しく，その後，パスを受

図6.7　教師あり学習と即時報酬（ピアノのレッスン）

け取った選手が，相手の攻撃をかわし，ゴールを決めることができた，といったときに，はじめてこれまでの行動が良かったと評価される．このように報酬は一連の動作のあとに遅れてもらえるため，遅延報酬である．逆に，ゴールが決まらなかったときには，それまでの一連の行動が悪かったのだということで，報酬がもらえないように設定している（図6.8）．

この節では，強化学習の簡単な説明を，図6.9に示すような迷路を探索する問題を例に解説する．この迷路では，冒険者がスタート地点から出発し，一定歩数以内にゴールまで到達すれば迷路をクリア，つまり，タスクが成功したとみなす．一定歩数以上，すなわち迷路内を迷って行ったり来たりしてしまうと，迷ったとみなされて，タスクは不成功となる．

強化学習では，学習する当事者をエージェントと呼ぶ．囲碁であれば棋士，サッカーであればサッカー選手，迷路探索問題であれば探検者，にそれぞれ対応する．強化学習では，エージェントのふるまいについて，余分な要素を削ぎ落とし，最も基本的な2つの構成部品としての集合で定義する．1つめが，エージェントの状態を表す集合S（状態Stateの略）と，2つめは行動を表す集合A（行動Actionの略）である．エージェントは，このSとAの直積集合$S \times A$で

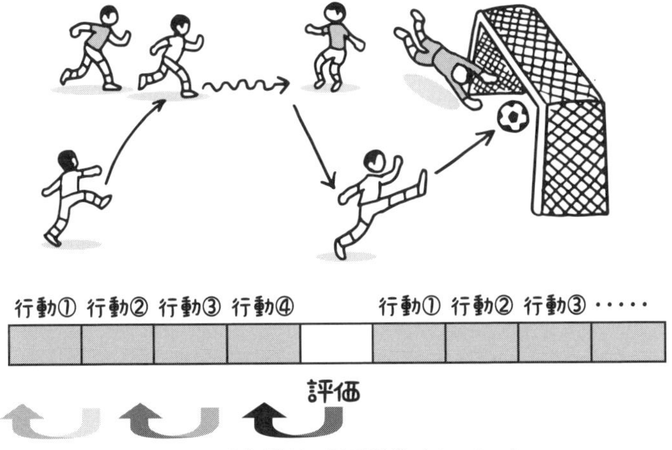

図6.8 強化学習と遅延報酬（サッカー）

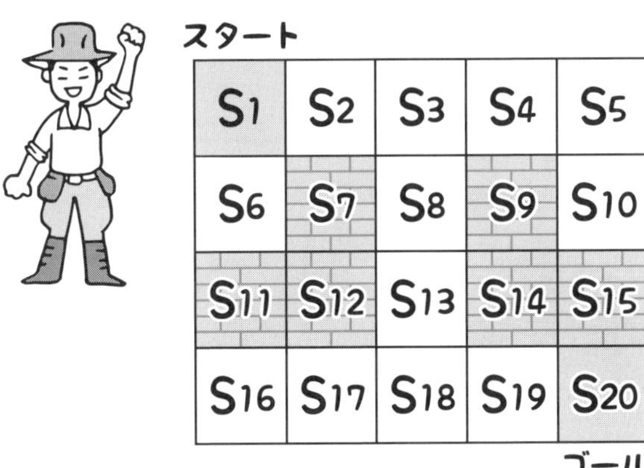

図6.9 迷路探索問題

表現する．例えば，図6.9の迷路探索問題においては，迷路のブロック（区画）を各状態に対応すると考えるので，

$$S = \{s_1, s_2, \ldots, s_{15}\},$$

という集合で表現する．また，迷路探索問題においては，探検者の動くことのできる方向を行動に対応すると考えるので，

$$A = \{u, d, l, r\},$$

という集合で表現する．ここで，u=上，d=下，l=左，r=右，を表している．このように定式化すれば，迷路探索問題におけるエージェントのふるまいは，状態集合Sと行動集合Aの直積集合$S \times A$の部分集合として定義できる．例えば，図6.10のような状態s_1において，冒険者は，右と下に行動することができるので，$\{(s_1, r), (s_1, d)\} \subset S \times A$となる．同様に，状態$s_3$においは，冒険者は，左，右と下に行動することができるので，$\{(s_3, l), (s_3, r), (s_3, d)\} \subset S \times A$となる．

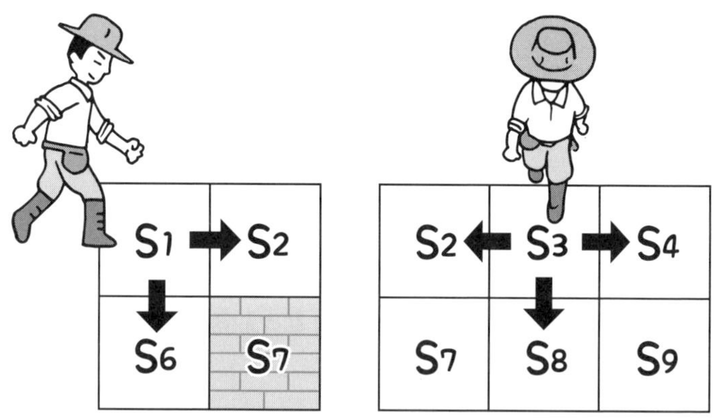

図6.10　各状態において可能な行動

このようにすべての状態についての行動を考えたとき，エージェントの迷路内のあらゆる動きが，$S \times A$の部分集合となることがわかる．以上の数学的準備が整うと，強化学習を一言で概説できるようになる．具体的には，この直積

集合 $S \times A$ の要素を，表6.2のように並べたテーブルを，エージェントが持っているとし，「それぞれの状態 s_i になったときに，どの行動をすれば一番良いかを表す**価値**を，学習によって獲得する」というものである．

表6.2 迷路探索問題におけるエージェントの状態-行動-価値の一覧表

番号	状態	行動	価値
1	s_1	r	9
2	s_1	d	1
3	s_2	l	2
4	s_2	r	8
5	s_3	l	2
6	s_3	r	1
7	s_3	d	7
⋮	⋮	⋮	⋮
21	s_{13}	l	0
22	s_{13}	u	0
23	s_{13}	r	10
24	s_{14}	l	0
25	s_{14}	r	10

表6.2は，すでに学習済みのもの，つまり価値が獲得されたものを示しており，例えば，状態 s_3 になったときには，番号5と6と7の選択肢があり（網掛けの部分），ここでは，番号7の行動，すなわち，下向きに移動することが価値があるということを表している．このように，状態 s_i のときに，最も価値の高いと判断される選択肢を選んでゆけば，効率的に迷路から脱出できるという，一連の行動を行うことができるように学習されている．

このような表を最終的に学習させるためのポイントが，報酬の与え方になる．この報酬の与え方は，これを設計する人の勘と経験に大きく依存するが，近年，AIに置き換えるといった研究も盛んに行われているので，興味のある読者は専門書を読み解いてほしい．

今回の迷路探索問題では人手で報酬を設定する．まず，ゴールに到達することが目標なので，図 6.11 に示すようにゴールのブロックに「20」といった高めの報酬を設定する．また，この迷路探索問題では，できるだけ少ない歩数でゴールに到達できればよいので，ゴール以外のブロックには「-1」という負の報酬を設定する．こうすることで，迷って歩き回れば回るほど，負の報酬が獲得されることになり，それらの行動は低く評価されることになる．

図 6.11　迷路探索問題における報酬設定

状態-行動の一覧表と，報酬の設定ができたところで，エージェントの学習について解説を始める．エージェントの学習では，まず，スタートから出発し，状態-行動の一覧表に示す選択肢に基づいて動き回る．最初は価値が設定されていないので，ランダムに動く．エージェントは，試行錯誤しながら動き回っているうちに，ゴールにたどり着く．ゴールにたどり着いたときをタスクの成功と判断し，それまでの一連の動きは良いものとして判断され，報酬が与えられることになる．このときの報酬の与えられ方は，図 6.12 に示すように，ゴールした直前の動作から順に伝搬するようになっている．このような試行錯誤を繰り返しているうちに，ゴールの手前から順に，どのように行動すればよいのかを，エージェントが少しずつ学習する．この少しずつ学習するというところが，エージェントが少しずつ強化されてゆく，ことに対応し，ここから強化学習という名前がつけられている．

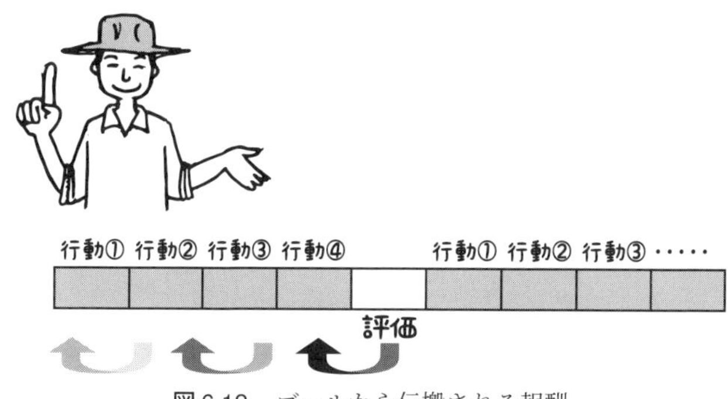

図 6.12　ゴールから伝搬される報酬

この説明から感じられると思うが，強化学習には膨大な試行錯誤が必要であり，この試行錯誤のことを**エピソード**と呼ぶ．取り扱う内容にもよるが，簡単な問題であっても，数十万，数百万エピソードを繰り返し行うことは珍しくなく，よって強化学習は一般的に，膨大な計算資源を必要とする．前述したAlphaGOも，当時，囲碁の学習を行うために膨大なクラウド環境を利用した結果，数十億円のコストがかかったとされている．

さて，本章の「計算の複雑さ」において，この強化学習のトピックを取り扱ったのは，強化学習における試行錯誤の選択肢が，強く関連しているからである．例えば，迷路探索問題において，最初のスタートのブロック s_1 から次に行けるブロックは，「s_2 と s_6」になる．それぞれの s_2 と s_6 から次に行けるブロックは，「s_1 と s_3」，と，「s_1」になる．それぞれの s_1 と s_3 から次に行けるブロックは，「s_2 と s_6」と「s_2 と s_4 と s_8」になる…，という具合に，探索の空間があっという間に爆発的に大きくなる（図 6.13）．

AlphaGOの取り扱う囲碁においても，同様の組合せ爆発は発生し，Google DeepMindがいかに圧倒的な計算資源を有していたとしても，この爆発的に増加する探索空間をそのまま取り扱うことはできず，効率的に探索空間を刈り込むなどして対処している．これ以上の解説は，本書の範囲を超えるので，興味のある読者はぜひ専門書を読み解いてほしい．

第 19 回目
終了（90 分）

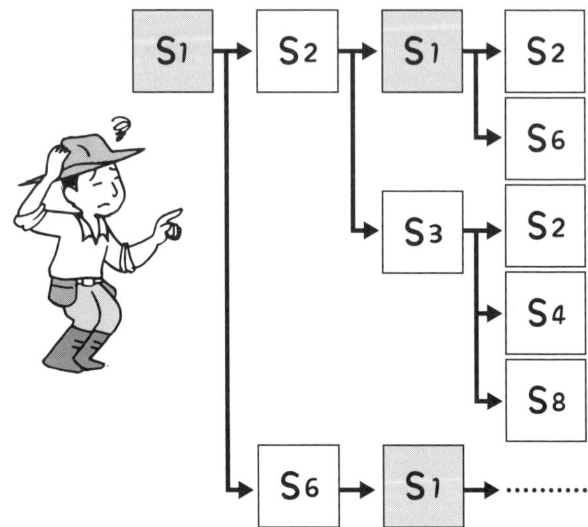

図 6.13　爆発的に増加する探索空間

参考文献

[1] Seymour Lipschutz（著），成嶋 弘（翻訳），「離散数学―コンピュータサイエンスの基礎数学（マグロウヒル大学演習）」，オーム社 (1995)（特に第 8 章）.

[2] 守屋 悦朗,「離散数学入門（情報系のための数学）」，サイエンス社 (2006)（特に第 6 章）.

[3] 牧野和久,「基礎系 数学 離散数学 (東京大学工学教程)」，丸善出版 (2020)（特に第 6 章）.

[4] 小高知宏,「強化学習と深層学習」，オーム社 (2017)

[5] Vincent Francois-Lavet (著)，Peter Henderson (著)，Riashat Islam (著)，Marc G.Bellemare (著), Joelle Pineau (著), 松原 崇充（監修, 翻訳），井尻 善久（翻訳）. 濵屋 政志（翻訳），「深層強化学習入門」，共立出版 (2021)

[6] ブライアン・ヘイズ,「ベッドルームで群論を――数学的思考の愉しみ方」，みすず書房 (2010).

[7] 結城 浩,「プログラマの数学」，ソフトバンククリエイティブ (2005).

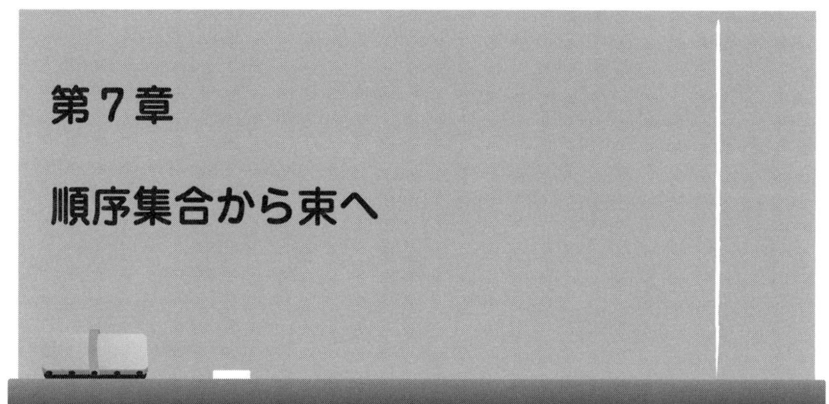

第7章 順序集合から束へ

7.1　はじめに

先日，近所の本屋に行ったところ，興味深い雑誌を見つけた．内容は日本の戦国時代に活躍していた武将のうち，誰が**最強**であるのかを決めるというものである．登場するのは，織田信長，豊臣秀吉，そして徳川家康といった武将たちで，これらを最強と思われる順に1位から100位程度までランキング（順序づけ）しつつ，それぞれの武将のエピソードもあわせて紹介する内容であった．

ここで注目したいのは，誰が1位であるか，という点ではなく，一体どのようにして，1位から100位までランキングを行ったのか，という点である．例えば，武将たちが，「武力」という能力指標のみで評価されていれば，その値の大小で簡単にランキングできる．しかし，その雑誌では，各武将を，「武力」，「政治力」，「知力」といった複数の能力指標を考慮して評価を行っており，この場合，それほど単純にランキングすることができない（図7.1）．

以下の具体例を通して，このランキングがそれほど単純ではないという状況を説明する．例えば，戦国武将A, B, Cが表7.1のような能力を有していたとする．この3人の武将に，1位から3位までの順序をつけるとしたら，どのようにするだろうか？　「最強＝武力を最も重視」する場合には「1位A→2位C→3位B」といった順位をつけるであろう．一方，「政治力を持つ者が最強」と考える場合には，「1位B→2位C→3位A」と順位をつけるかもしれない．あ

第12回目
開始（0分）

表7.1　各武将のパラメータによる比較

武将名	武力	政治力	知力
武将 A	100	25	90
武将 B	40	100	99
武将 C	80	80	80

図7.1　単純に序列がつけられない武将たち

るいは，「すべてをバランスよく兼ね備え，すべてを足し合わせた（つまり能力値の合計値）ものが最高である人物こそ最強の武将である」と考える場合は「C (240) → B (239) → A (215) 」（カッコ内は能力の合計値）といった順序をつけるかもしれない．

このように，どの指標を重視するかによって，順序が異なってしまい，誰もが納得するランキングを作ることが難しい．冒頭で紹介した雑誌では，各武将をいろいろな能力値で評価しており，非常に難しいランキングであるにもかかわらず，総合的に判断しつつ，読者が納得するようなランキングを行っている点が，大変興味深い．

われわれの日常生活の中にも，複数の指標があるために順序をつけることが難しい事象がたくさんある．にもかかわらず，なんとか意思決定をしていることが多い．例えば，お昼に食べるパンを選ぶとき，それぞれのパンには価格という指標のほかに，ボリュームや美味しさ，といった指標もあり，難しい意思決定にもかかわらず，多くの人は，自分の好みにあわせ総合的に判断している．人生における重大な意思決定の例としては，家の購入，保険の選択，また

図7.2 順序をつけることができないとき，人は悩む

自分自身の進路の選択なども挙げられる（図7.2）．

そして，情報系の人間にとって身近なインターネットにおいても，このような順序のつけ方は非常に重要である．ネット検索においては，自社のページを検索ランキング上位にすることが最も重要なタスクとなってきている．そして，各企業のホームページの検索ランキングを上位にするための支援を有料で行う専門業者も数多く登場してきている．彼らは日夜，検索ランキングの仕組みを解明し，それを顧客のページが上位になるようにする努力を行っている．

このように，順序をつけるという行為は，非常に身近で重要なものであり，日常のいろいろなところに潜んでいる．本章では，この順序という数学的構造を紹介するとともに，応用事例の１つとして，コンピュータの基本原理が，順序構造に基づいて成立していることも示す．

7.2 順序

順序を数学的に表現すると，実は関係の特別な形になる．よって，数学の世界では，この順序のことを，**順序関係**，あるいは**半順序関係**と呼び，以下のように定義する．

半順序関係

集合 A 上の関係 R が次の性質を満たすとき，**半順序関係**（あるいは略して**半順序**）という．

(1) ［**反射的**］$\forall a \in A$ に対して aRa.

(2) ［**反対称的**］aRb かつ bRa ならば $a = b$.

(3) ［**推移的**］aRb かつ bRc ならば aRc.

順序という考え方は，関係の上に成り立っており，また，関係という考え方は直積の上に成り立っており，さらに，直積の考え方は集合の上に成り立っている．順序という考え方は，われわれの日常生活に関わりが強く，また素朴なものであるが，集合をはじめとするたくさんの蓄積があったうえで，はじめて到達できる考えでもある（図7.3）.

図7.3　長い蓄積の上で到達する「順序」の考え

以下の例題を解きながら順序についての理解を深めてほしい．

例題 7-1

(1) 集合を要素とする集合（集合族）P 上の集合の包含関係 $\subset$ は半順序関係になるか判定せよ．

(2) 自然数 $\mathbb{N}$ を考える．"a は b を割り切る" を $a|b$ と書き，$ac = b$ となる自然数 c が存在することを示すとする．これを**整除関係**とよび，例えば，$2|4$，$3|9$，$5|15$ などである．この整除関係 $|$ は $\mathbb{N}$ 上の半順序関係になる

か判定せよ．

(3) 自然数 $\mathbb{N}$ 上の大小関係 $\leq$ は，自然数 $\mathbb{N}$ の上の半順序関係となるか判定せよ．

（問題の趣旨：半順序関係の理解）

解答

(1) $\forall A \in P$ に対して A の部分集合は自分自身を常に含むので $A \subset A$ であり，反射的である．また $A \subset B$ かつ $B \subset A$ ならば，集合が等しいという定義「=」より，$A = B$ となり，反対称的である．また，$A \subset B$ かつ $B \subset C$ ならば $A \subset C$ となるので，推移的である．よって半順序関係である．

(2) $\forall a \in \mathbb{N}$ に対して，自分自身を割り切る，すなわち $a|a$ が成立するので反射的である．$a|b$ かつ $b|a$ が成立するのは $a = b$ のときであるので，反対称的である．また，$a|b$ かつ $b|c$ が成立すれば，$ax = b$ なる自然数 x が存在し，また $by = c$ なる自然数 y が存在することになる．よって，$axy = c$ なる自然数 xy が存在し，$a|c$ が成立するので，推移的であり，半順序関係であることが確認できる．

同様にチェックすれば，(3) も半順序関係となる．■

半順序関係を単に順序と呼ぶ場合もあるが，後ほど登場する「全順序」と区別するため「半」をつけている．半順序関係とは，文字通り関係の1種であり，実体は集合の直積の部分集合である．よって関係の表現方法の1つである有向グラフによって表現することもできる．

半順序集合・比較可能・比較不能

集合 A に半順序関係 R が定義されているとき $(A;R)$ を**半順序集合**という．半順序集合に属する2つの元 $a, b \in A$ について，半順序関係が成立する場合もあれば，成立しない場合もある．aRb または bRa が成立する場合，a と b を**比較可能**であるといい，どちらも成立しない場合は**比較不能**であるという．

例題 7-1 (2) の自然数 $\mathbb{N}$ の整除関係を考える．例えば 21 と 7 は，7|21 が成立

するので，比較可能である．しかし，3 と 5 は $3|5$ と $5|3$ のいずれも成立しないので比較不能である．このように，半順序関係が成立する場合もあれば，そうでない場合もある．集合の任意の 2 つの元が比較可能な場合は，全順序集合とよび，以下のような定義になる．

第12回目
30分経過

全順序集合

$(A;R)$ を半順序集合とする．A の任意の 2 つの元が比較可能なとき，$(A;R)$ を**全順序集合**といい，R を**全順序**または**線形順序**という．

全順序集合は，半順序集合の特殊な形でありベン図で表現すれば，図 7.4 に示すように，半順序集合の部分集合となる．

図 7.4　全順序集合と半順序集合の包含関係

例題 7-2

(1) $A = \{2, 6, 12, 36\}$ および整除関係 $|$ からなる半順序集合 $(A;|)$ を考える．A の任意の 2 つの元が比較可能であるか不能であるかを調べよ．比較不能の場合，それらをすべて挙げよ．

(2) $E = \{a, b, c\}$ とし，E の部分集合全体を $P(E)$ とする．これと，集合の包含関係 $\subset$ からなる半順序集合 $(P(E); \subset)$ を考える．$P(E)$ の任意の 2 つの元が比較可能であるか不能であるかを調べよ．比較不能の場合，それらをすべて挙げよ．

(3) C を 12 の正の約数全体および整除関係 $|$ からなる半順序集合 $(C\,;|)$ を考

える．C の任意の 2 つの元が比較可能であるか不能であるかを調べよ．比較不能の場合，それらをすべて挙げよ．

（問題の趣旨：比較可能と比較不能の理解）

解答

(1) $2|6$ や $12|36$ など，任意の 2 つの元について比較可能である．

(2) まず，$P(E) = \{\emptyset, \{a\}, \{b\}, \{c\}, \{a,b\}, \{b,c\}, \{a,c\}, \{a,b,c\}\}$ となる．このうち，比較不能であるものとして $\{a\}$ と $\{b\}$, $\{a\}$ と $\{c\}$, $\{b\}$ と $\{c\}$, $\{a\}$ と $\{b,c\}$, $\{b\}$ と $\{a,c\}$, $\{c\}$ と $\{a,b\}$，$\{a,b\}$ と $\{b,c\}$，$\{a,c\}$ と $\{b,c\}$，$\{a,b\}$ と $\{a,c\}$．包含関係の成立するものとしては，$\{a\}$ と $\{a,b\}$, $\{a,b\}$ と $\{a,b,c\}$ などがある．

(3) 12 の正の約数全体の集合は，$C = \{1,2,3,4,6,12\}$ となる．このうち $2|3$，$3|4$，$4|6$ は比較不能である．■

例題 7-3

自然数の集合 $\mathbb{N}$ が整除関係 $a|b$ によって順序づけられているとする．このとき，自然数の以下の部分集合が，全順序集合になるかどうか判定せよ．

(1) $\{12,6,2\}$　(2) $\mathbb{N}$　(3) $\{7\}$　(4) $\{3,15,5\}$

（問題の趣旨：全順序集合の理解）

解答

(1) 2 は 6 の約数になっており（つまり $2|6$），また 6 は 12 の約数になっている（つまり $6|12$）ことから，全順序集合である．

(2) 例えば，2 は 5 の約数ではないので，比較不能である．よって，全順序集合ではない．

(3) 1 要素からなる集合は，どんな場合においても全順序集合である．

(4) 3 は 5 の約数ではないので，比較不能である．よって，全順序集合ではない．■

例題 7-4

集合 $A = \{2,3,6,8,9,18\}$ が整除関係 $a|b$ によって順序づけられているとする．集合 A の部分集合のうち，3要素以上からなるもので，全順序集合となるものを1つ見つけよ．

解答

例えば，$\{2,6,18\}$ や $\{3,9,18\}$ などが全順序集合となる．■

7.3　ハッセ図

半順序集合の要素の関係を視覚的にわかりやすい形式で図式化する方法の1つに**ハッセ図**がある．ここから，集合などの場合を除いては，半順序，全順序を，数の大小関係である $\leq$ と同じ記号を使うことにする．以下，ハッセ図の描画方法の理解のため，2つの記号を紹介する．

関係「<」と「≪」

半順序集合 $(A;\leq)$ の2つの元 $a,b\ (\in A)$ について，関係「<」を

$$a < b \quad \Leftrightarrow \quad a \leq b \quad \text{and} \quad a \neq b,$$

と定義する．また「≪」を

$$a \ll b \quad \Leftrightarrow \quad (a < b) \quad \text{and} \quad (x \notin A \quad s.t. \quad a < x < b),$$

と定義する（ここで，※s.t. は such that の略．日本語でいえば，「となるような」の意味）．「≪」は，順序関係が成立している2つの元 a と b の間に，それぞれと比較可能な元 x が存在しないことを表す．

ハッセ図

ハッセ図とは，有限な半順序集合 $(A;\leq)$ の2つの要素 $a, b \in A$ について，$a \ll b$ のとき，点 b を点 a の上方に描き，$a \ll b$ の関係にある A の元どうしをすべて線で結んだ図のことを言う（図7.5）.

ハッセ図において，a から上方のみ（または下方のみ）をたどって b に到着する線が存在するとき，かつそのときのみ $a < b$ となる.

図7.5 ハッセ図は上下関係をきちんと描くのが重要

例題 7-5

以下の半順序集合をハッセ図で表現せよ.

(1) $A = \{4, 16, 64\}$ のとき $(A;|)$.

(2) $B = \{1, 2, 3, 4, 6, 8, 9, 12, 18, 24\}$ のとき $(B;|)$.

(3) $C = \{a, b, c\}$ のとき $(P(C);\subset)$.

（問題の趣旨：ハッセ図の理解）

解答

それぞれのハッセ図は次のようになる.

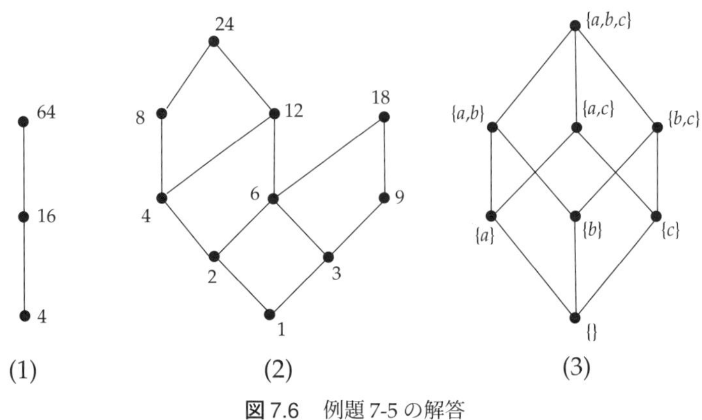

図 7.6　例題 7-5 の解答

■

第 12 回目
60 分経過

7.4　直積集合における順序関係

冒頭で紹介した武将のランキングや，お昼のパンの選択や人生の岐路の選択，いずれも複数の評価指標を持つゆえに，順序をつけるのが難しい．この難しさは，直積集合における順序関係に強く関連している．以下，関連するいくつかの例題を通して，その難しさを具体的にひもといてゆく．

例題 7-6

数の大小関係 $\leq$ が定義されている自然数の集合 $\mathbb{N}$ の直積 $\mathbb{N}\times\mathbb{N}$ を考える．ここで，直積集合 $\mathbb{N}\times\mathbb{N}$ の各要素に関係 $\leq$ を

$$(m,n)\leq(m',n') \quad\Leftrightarrow\quad m\leq m' \quad \text{and} \quad n\leq n',$$

と定めるとき，以下の組について，「$\leq$」「$\geq$」あるいは「$\|$」（比較不能）のいずれが該当するのかを調べよ．

(a) (5,7) と (7,1),　　(b) (5,5) と (4,8),　　(c) (7,9) と (4,1),

(d) (4,6) と (4,2),　　(e) (1,3) と (1,7),　　(f) (7,9) と (8,2).

（問題の趣旨：直積集合における比較）

解答

(a) それぞれの第1要素と第2要素をみてみると，$5 \leq 7$ であり $7 \geq 1$ なので比較不能．すなわち，$(5,7) \parallel (7,1)$． (b) $5 \geq 4$ であり $5 \leq 8$ なので比較不能．すなわち，$(5,5) \parallel (4,8)$．以下，同様に調べると，(c) $(7,9) \geq (4,1)$， (d) $(4,6) \geq (4,2)$， (e) $(1,3) \leq (1,7)$， (f) $(7,9) \parallel (8,2)$， となる．■

自然数の集合 $\mathbb{N}$ について，数の大小関係を考えた場合，任意の2つの元は必ず比較可能であり，全順序集合となる．つまり，自然数 $\mathbb{N}$ の任意の部分集合をもってきたとしても，それらの要素を大きい順（あるいは小さい順）に並べることができるので，ランキングが可能である．一方，自然数の直積 $\mathbb{N} \times \mathbb{N}$ と，例題7-6に示した直積集合上の順序を考えると，2つの要素が比較不能な場合もあり，全順序集合ではなく半順序集合となる．すなわち，任意の部分集合に関して，常にランキングができないということになる．これが武将ランキングやパンの選択の難しさの本質になる．以下，同様の例題を示す．

例題 7-7

ある国において，大学の入学者を選抜するための全国共通テストが行われた．全国共通テストは数学（100点満点），英語（100点満点），国語（100点満点）の3科目からなる．受験生は，それぞれ，表7.2に示すような得点となった．さて，この大学には「リケー大学」，「ブンケー大学」，「ソーゴー大学」という名の大学があり，それぞれ以下のように入学者を選抜したいというポリシーを持っている．

(1) リケー大学では，数学の成績が良い順に2名の受験生を合格させたいと考えている．数学の成績が同点だったときに，英語，国語の合計点の良い方を入学させたいと考えている．このように受験生を選抜するためには，どのような順序を定義すればよいか？また，定義した順序が全順序，つまり任意の2人について比較可能になっているかどうかを確認せよ（すべての科目が同点，あるいは英語，国語の成績が同点といったケースは除く）．

(2) ブンケー大学では，英語と国語の合計点が良い順に2名の受験生を選

表 7.2　各受験生の成績

受験生	数学	英語	国語
A	100	55	45
B	67	67	67
C	60	34	100
D	60	67	68
E	98	99	99
F	99	0	0

抜したいと考えている．英語と国語の合計点が同点だったときは，数学の成績が良い学生を入学させたいと考えている．このように受験生を選抜するためには，どのような順序を定義すればよいか？また，定義した順序が全順序，つまり任意の２人について比較可能になっているかどうかを確認せよ（すべての科目が同点，あるいは数学の成績が同点といったケースは除く）．

(3) ソーゴー大学では，すべての科目の合計点が良い順に２名の受験生を選抜したいと考えている．このように受験生を選抜するためには，どのような順序を定義すればよいか？また，定義した順序が全順序，つまり任意の２人について比較可能になっているかどうかを確認せよ（すべての科目が同点といったケースは除く）．

（問題の趣旨：直積集合における比較の理解）

解答

(1) リケー大学の受験者の選抜に関しては，例えば，点数の大小関係 $\leq$ が定義されている $\{0, 1, 2, \ldots, 100\}$ の集合 N_{100} の直積 $N_{100} \times N_{100} \times N_{100}$ を考える．ここで，直積集合の各要素（m は数学，e は英語，n は国語の成績を表す）に，関係 $\leq$ を

$$
\begin{aligned}
&(m, e, n) \leq (m', e', n') \\
&\quad \Leftrightarrow \quad m < m' \quad \text{あるいは} \quad (m = m' \quad \text{かつ} \quad (e+n) \leq (e'+n')),
\end{aligned}
$$

のようにすると，問題文の通りの選抜ができる．この順序によって，受験生を並べると

$$
C \leq D \leq B \leq E \leq F \leq A,
$$

となる．C と D を除き，ほかの受験生については，数学の成績のみで並べることができ，C と D については同点なので，英語と国語の合計点の大きい D が C よりも上位にくる．また，ここで上位 2 名を選抜すると，A と F がリケー大学に入学することができ，E は，すべての科目満点に近い成績にもかかわらず，数学で 1 点及ばず，リケー大学には入学できないことになる（図 7.7）．

(2) 同様に，ブンケー大学での選抜は，

$$
\begin{aligned}
&(m, e, n) \leq (m', e', n') \\
&\quad \Leftrightarrow \quad (e+n) < (e'+n') \quad \text{あるいは} \quad ((e+n) = (e'+n')' \quad \text{かつ} \quad m \leq m')),
\end{aligned}
$$

のようにすると，問題文の通りの選抜ができる．この順序によって，受験生を並べると

$$
F \leq A \leq C \leq B \leq D \leq E,
$$

となる．B と C を除き，ほかの受験生については，英語と国語の合計点のみで並べることができ，B と C については同点なので，数学の成績が良い B が C よりも上位にくる．また，ここで上位 2 名を選抜すると，E と D がブンケー大学に入学することができる．C は，国語で満点をとっているにもかかわらず，英語の点数が足を引っ張り，ブンケー大学には入学できないことになる．

(3) 同様に，ソーゴー大学での選抜は，

$$
(m, e, n) \leq (m', e', n') \quad \Leftrightarrow \quad (m+e+n) \leq (m'+e'+n'),
$$

のようにすると，問題文の通りの選抜ができる．この順序によって，受験生を並べると

$$
F \leq D \leq C \leq A \leq B \leq E,
$$

となる．ここで上位2名を選抜すると，E と B がソーゴー大学に入学することができる．全体的に，あまりパッとしない成績の B であるが，逆に，堅実に各科目でそこそこの得点をとったため，数学で満点をとっている A や，国語で満点をとっている C を抑えて，ソーゴー大学に入れることになる．

もちろん，ここで示した順序は解答の1例であり，ほかにも正解はあるので，いろいろ検討してみてほしい．■

図7.7　どんなときも，評価は難しい

例題 7-8

アルファベットの集合 $A = \{a, b, c, \ldots, y, z\}$ に，通常のアルファベット順が定義されているとする．この集合 A の直積集合 $A \times A$ について，以下の2種類の順序が定義されているとする．

$$(a, b) \leq_1 (a', b') \quad \Leftrightarrow \quad a \leq a' \quad \text{and} \quad b \leq b',$$

$$(a, b) \leq_2 (a', b') \quad \Leftrightarrow \quad [a < a'] \quad \text{or} \quad [a = a' \quad \text{and} \quad b \leq b'].$$

このとき，$A \times A$ の部分集合 $S = \{(a, b), (a, t), (b, a), (b, c), (c, a), (a, c)\}$ について，上記の順序をそれぞれ定めた順序集合

$$(1)\ (S; \leq_1) \qquad (2)\ (S; \leq_2)$$

のハッセ図を描け．

（問題の趣旨：直積集合における半順序と全順序）

解答

それぞれ次のようなハッセ図となる.

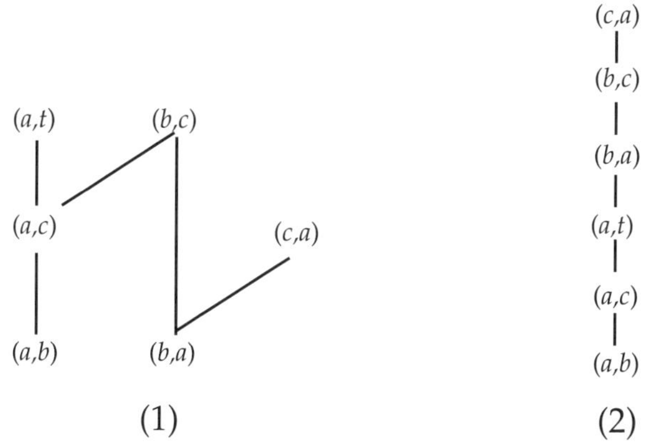

図 7.8 例題 7-8 の (1) と (2) に対応するハッセ図

■

例題 7-8 では，順序の定め方によっては，同じ集合であっても，全順序集合になる場合もあることを示している．この例題で示した順序の 2 番めのものは，辞書式順序と呼ばれるものであり，文字通り，辞書に登場する単語の順番を定めているものである．上記の例題では，単語の文字数が 2 文字の場合にしか対応できないが，より一般化した，n 文字の場合にも対応できるようにしたものが次の定義になる．

辞書式順序

n 個の全順序集合 $S_i, i \in \{1, 2, \ldots, n\}$ の直積集合 $S_1 \times S_2 \times \ldots \times S_n$ を考える．これに対し，次のように定義される順序を，**辞書式順序**という．

$$(a_1, a_2, \ldots, a_n) \leq (a'_1, a'_2, \ldots, a'_n)$$
$$\Leftrightarrow [a_1 < a'_1] \text{ or } (\exists\, 2 \leq k \leq n[a_i = a'_i \ (i = 1, 2, \ldots, k-1)] \text{ and } [a_k \leq a'_k]),$$

ここで

$$(a_1, a_2, \ldots, a_n), (a'_1, a'_2, \ldots, a'_n) \in S_1 \times S_2 \times \ldots \times S_n.$$

つまり，任意の2つの文字列の比較において，文字列の先頭部分が一緒だった場合に，異なる文字が出現するところ，すなわち k 文字めにおいて比較を行う（図7.9）.

図7.9　辞書の各項目は一直線に並ぶ

このように，順序を工夫することで，全順序集合にすることができる．つまり，ランキングを行うことができることを意味する．冒頭で紹介した雑誌では，複数の指標を，どのような工夫をもって全順序にしているのか明記されていなかったが，おそらく辞書式順序のような，何らかの全順序をつけることで，数多くの武将たちをランキングしていたに違いない．

第12回目
終了（90分）

7.5　上限・下限

第13回目
開始（0分）

集合に順序を定義すれば，その集合の中で一番大きなもの，あるいは一番小さなものを考えることができる．ただし，半順序集合においては，比較不能という場合があるので，そう単純にはいかない．半順序集合においても適用可能な一番大きなもの，小さなものに関連する数学的定義を次に示す.

最大元および最小元

$(A;\leq)$ を半順序集合とする．$\forall x \in A$ に対して $x \leq a$ が成立する A の元 a を A の**最大元**と呼び $\max A$ で表す．また $\forall x \in A$ に対して $b \leq x$ が成立する A の元 b を A の**最小元**と呼び $\min A$ で表す．

$(A;\leq)$ は半順序集合なので，比較不能な元も存在する場合がある．その場合には $\max A$ や $\min A$ が存在しないときもある．もし，$\max A$ や $\min A$ が存在すれば，ただ1つである．

極大元および極小元

$(A;\leq)$ を半順序集合とする．

$$a \leq x, \quad x \in A, \quad \text{ならば} \quad a = x,$$

を満たす A の元 a を A の**極大元**と呼び

$$x \leq b, \quad x \in A, \quad \text{ならば} \quad b = x,$$

を満たす A の元 b を A の**極小元**と呼ぶ．
有限な半順序集合には必ず極大元および極小元が存在する．

これら極大元と極小元の定義について，補足すると，極大元とは，ある元 a を考えたときに，それよりも大きい元 $x \in A$ を探しても見つからない，つまり自分自身よりも大きい元は自分自身のみ $(a = x)$，ということを意味している．逆に，極小元とは，ある元 b を考えたときに，それよりも小さい元 $x \in A$ を探しても見つからない，つまり自分自身よりも小さい元は自分自身のみ $(b = x)$，ということを意味している．次の例題で，最大元/最小元と極大元/極小元の違いについて理解を深めてほしい．

例題 7-9

集合 $A = \{a, b, c, d, e, f, g, h\}$ に，下図のような半順序を定める．

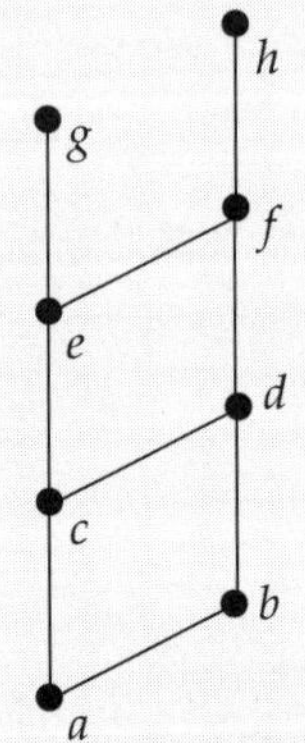

図 7.10　例題 7-9 の順序集合 A のハッセ図

(1) c と比較不能な元を求めよ．

(2) f と比較不能な元を求めよ．

(3) $\max A$ および $\min A$ が存在すれば求めよ．

(4) A の極大元と極小元をすべて求めよ．

(5) f を極小元として含む A の部分集合をすべて挙げよ．

（問題の趣旨：最大元，最小元，極大元，極小元の理解）

解答

(1) b.　(2) g.　(3) $\max A$ は存在しない．図的には h が最も高い位置にあるので，$\max A$ のように思えるが，g と比較不能なので，最大元ではない．a は，ほかのどの要素と比べても小さいので，最小元 $\min A$ となる．　(4) A の極大元は，g, h となる．また最小元が存在すれば，それは極小元でもあるので，a が極小元となる．(5) $\{f\}, \{f, h\}, \{f, g\}, \{f, g, h\}$. ■

次に，順序において重要な概念である上界（下界）と上限（下限）について紹介する．

上界と上限

$(A;\leq)$ を半順序集合とし，$M \subset A$ とする．

$$a \in A \quad s.t. \quad \forall x \in M, \quad x \leq a,$$

を満たすとき a を M の**上界**という．M のすべての上界からなる集合に最小元が存在するとき，それを M の**上限**といい，$\sup M$ で表す．

下界と下限

$(A;\leq)$ を半順序集合とし，$M \subset A$ とする．

$$b \in A \quad s.t. \quad \forall x \in M, \quad b \leq x,$$

を満たすとき b を M の**下界**という．M のすべての下界からなる集合に最大元が存在するとき，それを M の**下限**といい，$\inf M$ で表す．

ここでも，上界／下界と上限／下限の理解を深めるため，次の例題を解いてほしい．

例題 7-10

(1) 図 7.11 (1) に示す順序集合 $A = \{a,b,c,d,e,f,g\}$ において，部分集合 $S = \{c,d,e\}$ を考える．S の上界，下界，上限 $\sup S$，下限 $\inf S$ を求めよ．

(2) 図 7.11 (2) に示す順序集合 $B = \{a,b,c,d,e,f\}$ において，部分集合 $T = \{c,d\}$ を考える．T の上界，下界，上限 $\sup T$，下限 $\inf T$ を求めよ．

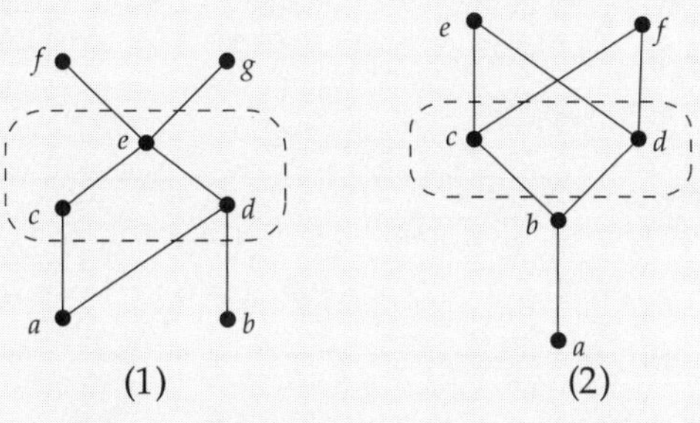

図 7.11 順序集合 A および B のハッセ図

（問題の趣旨：上界，下界，上限，下限の理解）

解答

(1) 上界は e, f, g．下界は S の要素 e, c, d のいずれよりも小さくなければならないので，a のみ．b は c と比較不能なので，b は下界にはならない．$\sup S$ は，上界の最小元なので，e となる．$\inf T$ は，下界の最大元なので a となる．

(2) 上界は e, f．下界は a, b となる．$\sup T$ は，上界の最小元となるが，e と f は比較不能のため存在しない．$\inf T$ は，下界の最大元なので b となる．■

この節では，順序に関連して，いくつかの用語を紹介してきたが，中でも「極大元と最大元と上限」，「極小元と最小元と下限」については，一般的にはそれぞれ異なるものであり，混同しないように注意してほしい．すでに解いてもらっているが，例題7-9は最大元（最小元）と極大元（極小元）の違いを意識してもらうためのもので，例題7-10は，最大元（最小元）と上限（下限）の違いを意識してもらうものである．具体的には，例題7-10(1)では，集合 $\{c, d, e\}$ に関して最小元は存在しないが，下限は存在しており，この違いをきちんと理解しておいてほしい．

第13回目
30分経過

7.6　束

順序，上界・下界，上限・下限を紹介したところで束（ソクと呼ぶ）という数学的構造を紹介する．耳慣れないキーワードであるが，実はこれがコンピュータの基礎となるものである．

束

半順序集合 $(A; \leq)$ において，任意の2つの元 $a, b \in A$ に対し $\sup\{a, b\}$ および $\inf\{a, b\}$ が必ず存在するとき $(A; \leq)$ を**束**（ソク）という．

この概念の突然の登場について，驚く読者も多いと思う．さらに，なぜ「束」という奇妙な名前がついているのか，不思議に思う読者も多いと思う．これらの疑問に答えるため，次の例を示す．図7.12に示す半順序集合は束になっており，ここでは，どのような2つの元をとってきても，上限と下限が存在することになる．例えば，$\sup\{b, e\} = f$，また $\inf\{b, e\} = a$ となる．ここで，要素 b と e が，上下に束ねられているようなイメージとなっているところがポイントである．すなわち，任意の2つの要素をもってきたときに必ず，上下に束ねることができる（＝上限と下限が存在する）ため，「束」（ソクと呼ぶ．タバとは呼ばない）という名前がついたと言われている．

図7.12　束はどのような2つの要素についても束ねることができる

例題 7-11

集合 $A = \{a, b, c\}$ と包含関係 $\subset$ による半順序集合 $(P(A); \subset)$ を考える．以下の問いに答えよ．

(1) $(P(A); \subset)$ のハッセ図を描け．(2) $(P(A); \subset)$ が束となることを示せ．

（問題の趣旨：束の理解）

解答

(1) $P(A)$ を求め，それぞれの要素に関して包含関係をチェックし，ハッセ図を描画すると以下のようになる．

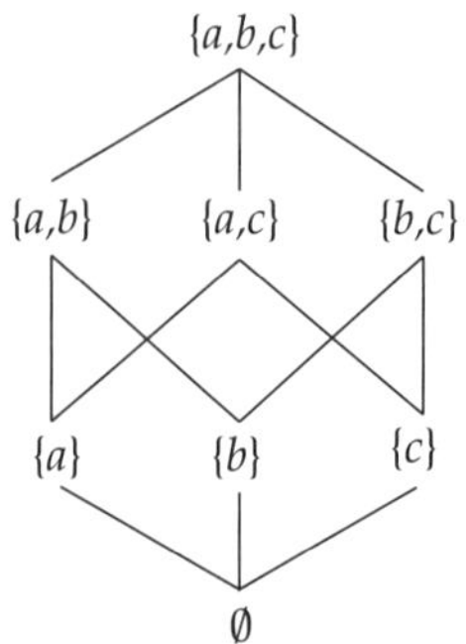

図 7.13　例題 7-11 のハッセ図

(2) べき集合 $P(A)$ の任意の 2 つの要素に関して上限，下限が存在するかチェックすればよい．いずれの 2 つの要素についても必ず存在するので束になる．■

例題 7-12

$A = \{1, 2, 3, 6, 9, 18\}$ と整除関係 | による半順序集合を考える

(1) $(A; |)$ のハッセ図を描け．

(2) $(A; |)$ が束となることを示せ．

（問題の趣旨：束の理解）

解答

(1) まずハッセ図を描くと次のようになる．

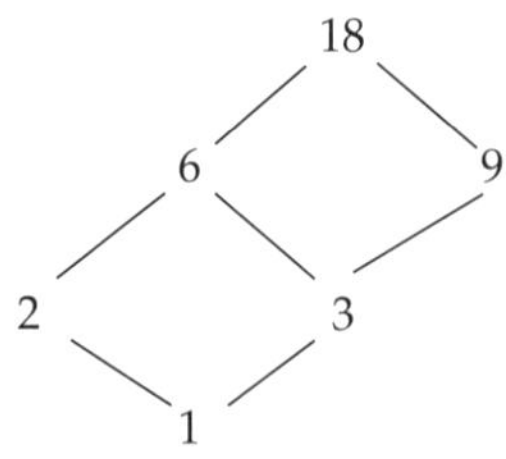

図 7.14　例題 7-12 のハッセ図

(2) 集合 A の任意の 2 つの要素の上限，下限が存在するので束になる．■

例題 7-13

図 7.15 の (a)，(b)，(c)，はそれぞれ束となるか否か判定せよ．

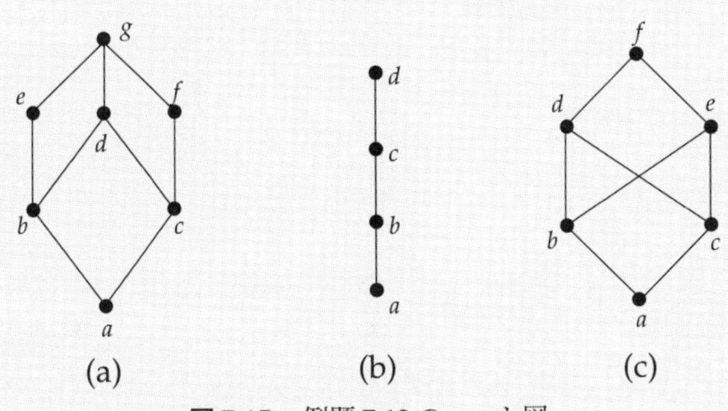

図 7.15　例題 7-13 のハッセ図

（問題の趣旨：束であるかどうかの判定）

解答

任意の 2 つの要素の上限，下限をチェックすれば，(a) と (b) は束となる．特に，(b) のような全順序集合は常に束になる．(c) は束とならない．例えば，b と c の上限を考えた場合，まず d, e, f が上界となるが，このなかに，最小元が存在しないので上限が存在しない．同様に d と e の下限を考えた場合にも存在しないため束にならない．■

7.7　束と代数系

束という数学的構造では，その定義から，任意の 2 つの元 a, b に対して，上限 $\sup\{a, b\}$ と下限 $\inf\{a, b\}$ の要素が存在することが保証されている．つまり，束では，任意の 2 つの元から，上限の要素への対応，あるいは下限の要素への対応が必ず保証されているということであり，これは，代数的な観点から言えば，二項演算が定義できる，ということになる．以下，これを詳しくまとめる．

束の代数的側面

有限な要素からなる半順序集合 L で，任意の要素対 $\{x, y\}$ に上限と下限が存在するとき，それぞれを対応させることで L 上の演算とみなすことができる．これらの演算を L における和 $\vee$ と積 $\wedge$ と定義する．つまり

$$x \vee y = \sup\{x, y\},$$
$$x \wedge y = \inf\{x, y\},$$

と定義する．L がこの演算について閉じているとき $(L; \vee, \wedge)$ は離散代数系となり，束となる．

ここで利用する記号 $\vee$ と $\wedge$ は論理和と論理積の記号と同じ表記であるが，束では，上限と下限を表す演算の記号であるので，混同しないように注意してほしい．

以上のことより，束に関しては代数系同様に演算表が構成できる．このことを理解するための例題を次に示す．

第13回目
60分経過

例題 7-14

図7.16に示す半順序集合が束をなすことを，上限と下限の演算表を構成して調べよ．

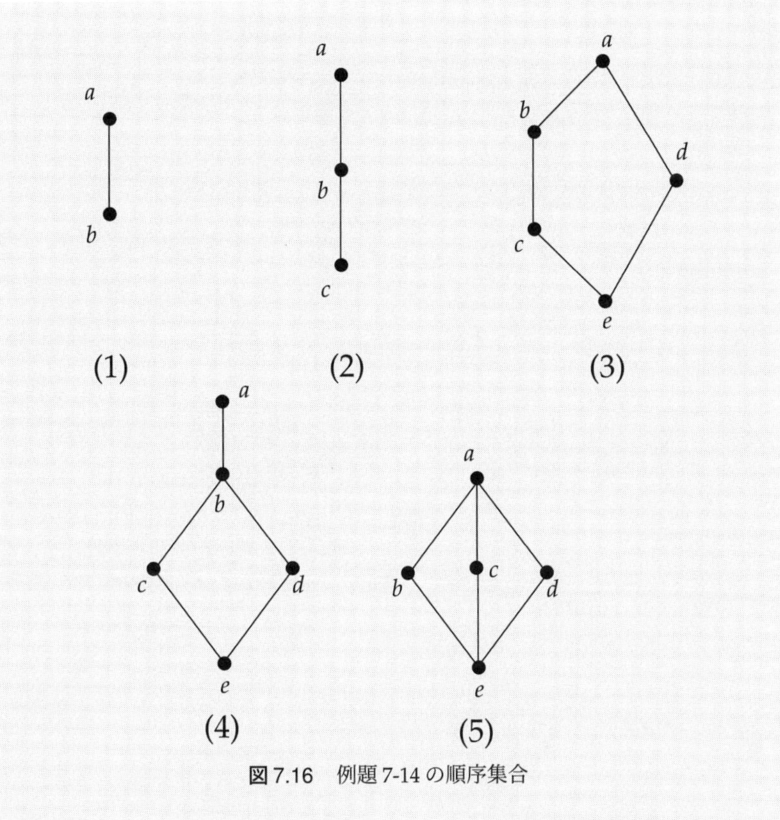

図 7.16 例題 7-14 の順序集合

（問題の趣旨：束の代数的側面の理解）

解答

それぞれ次のような演算表となる．

(1)

∨	a	b
a	a	a
b	a	b

∧	a	b
a	a	b
a	b	b

(2)

∨	a	b	c
a	a	a	a
b	a	b	b
c	a	b	c

∧	a	b	c
a	a	b	c
b	b	b	c
c	c	c	c

(3)

∨	a	b	c	d	e
a	a	a	a	a	a
b	a	b	b	a	b
c	a	b	c	a	c
d	a	a	a	d	d
e	a	b	c	d	e

∧	a	b	c	d	e
a	a	b	c	d	e
b	b	b	c	e	e
c	c	c	c	e	e
d	d	e	e	d	e
e	e	e	e	e	e

(4)

∨	a	b	c	d	e
a	a	a	a	a	a
b	a	b	b	b	b
c	a	b	c	b	c
d	a	b	b	d	d
e	a	b	c	d	e

∧	a	b	c	d	e
a	a	b	c	d	e
b	b	b	c	d	e
c	c	c	c	e	e
d	d	d	e	d	e
e	e	e	e	e	e

(5)

∨	a	b	c	d	e
a	a	a	a	a	a
b	a	b	a	a	b
c	a	a	c	a	c
d	a	a	a	d	d
e	a	b	c	d	e

∧	a	b	c	d	e
a	a	b	c	d	e
b	b	b	e	e	e
c	c	e	c	e	e
d	d	e	e	d	e
e	e	e	e	e	e

■

これまでは，半順序関係から出発し，上限・下限などの考えに基づき，束という数学的構造を

「半順序集合 $(A;\leq)$ において，任意の 2 つの元 $a,b\in A$ に対し $\sup\{a,b\}$ および $\inf\{a,b\}$ が必ず存在するとき $(A;\leq)$ を束（ソク）という．」

と定義していた．しかし，この節の冒頭で言及したように，$\sup\{a,b\}$ および $\inf\{a,b\}$ を集合 A における二項演算として考えると，代数系としての構造が見えてくる．ここで，束の代数的な観点からの定理を与える．

束に関する定理

束 L において，

$$\sup\{a,b\}=a\vee b,\quad \inf\{a,b\}=a\wedge b,$$

とすれば，$\forall a,b,c\in L$ に対し，

(1) **［べき等律］**　$a\vee a=a,\qquad a\wedge a=a,$

(2) **［対称律］**　$a\vee b=b\vee a,\qquad a\wedge b=b\wedge a,$

(3) **［結合律］**　$a\vee(b\vee c)=(a\vee b)\vee c,\qquad a\wedge(b\wedge c)=(a\wedge b)\wedge c,$

(4) **［吸収律］**　$a\vee(a\wedge b)=a,\qquad a\wedge(a\vee b)=a,$

を満足する．

7.8　分配束と可補束

束の性質について理解が深まったところで，特別な性質を持つ 2 種類の束を紹介する．1 つめは「分配的である束」，もう 1 つは「補元を持つ束」である．これらを理解すると，われわれの最も身近な事例のコンピュータの基礎となっている数学的構造の本質に迫ることができる．まず 1 つめの分配束の定義を以下に示す．

分配束

束 L が分配的であるということは，$\forall a,b,c\in L$ に対し，

［分配律］　$a\wedge(b\vee c)=(a\wedge b)\vee(a\wedge c),\qquad a\vee(b\wedge c)=(a\vee b)\wedge(a\vee c),$

を満足することである．このような束のことを**分配束**という．

例題 7-15

図 7.17 に示す束は，分配束になるか調べよ．

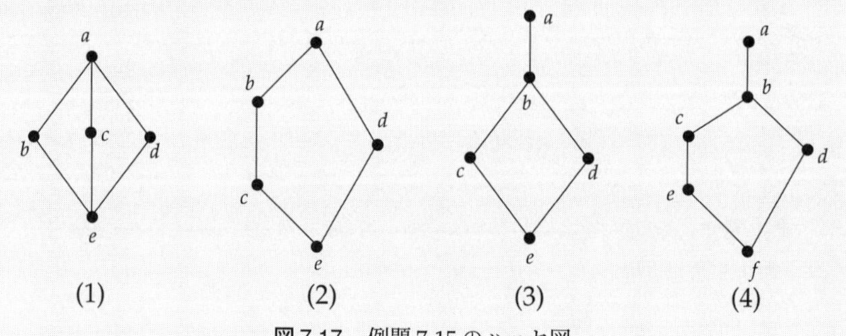

図 7.17　例題 7-15 のハッセ図

（問題の趣旨：分配束の理解）

解答

(1) 分配束にならない．例えば，$b \wedge (c \vee d) = b \wedge a = b$ であるが $(b \wedge c) \vee (b \wedge d) = e \vee e = e$ となり，分配律が成立しない．このタイプの束は，分配束にならない典型的な束であり，M_5 と呼ばれる．

(2) 分配束にならない．例えば，$b \wedge (c \vee d) = b \wedge a = b$ であるが $(b \wedge c) \vee (b \wedge d) = c \vee e = c$ となり，分配律が成立しない．このタイプの束も，分配束にならない典型的な束であり，N_5 と呼ばれる．

(3) 分配束になる．

(4) (2) の N_5 を部分集合として含むので，分配束にならない．■

次に，補元を持つ束についての説明を行う．まずは，補元の定義を以下に示す．

補元

束 L において，最大元を I および最小元を O とする．要素 $y \in L$ に対して，

$$x \vee y = I, \qquad x \wedge y = O,$$

なる元 x が存在するとき，これを**補元**という．

補元は存在しても一意的とは限らない．例えば，図 7.17 の (1) の束では，b に対して c と d が補元となり，一意的でないことが確認できる．この補元を持つ特別な束を以下に示す．

可補束

束 L において，すべての元に対して補元が存在する束を**可補束**という．

例題 7-16

図 7.17 に示す (1) から (4) の束は，可補束になるか調べよ．

（問題の趣旨：可補束の理解）

解答

(1) 可補束になる．例えば b に対しては $b \vee c = a = I$ であり $b \wedge c = e = O$ となり，c が補元となる．b に対しては d も補元となる．逆に，c と d に対しては，b が補元となるので，任意の元について補元が存在するので可補束になる．

(2) 可補束になる．

(3) 可補束にならない．例えば, c については $c \vee d = b \neq a = I$, $c \vee b = b \neq a = I$, となり，補元が存在しない．

(4) 可補束にならない．例えば，c，d に対して補元が存在しない．■

第 13 回目
終了（90 分）

7.9　束の応用事例：ブール束とブール代数

ここまでの一連の理解を経て，ついに「コンピュータ」の基本原理となっているブール束（ブール代数）を紹介できることになる（図 7.18）．具体的には以下の定義となる．

あとは自習

図 7.18　いろいろな束とコンピュータの位置づけ

ブール束（ブール代数）

分配的である可補束を**ブール束**あるいは**ブール代数**という．（有限）分配束の場合，補元は一意的になる．したがってブール束の補元は一意的である．

以下に，ブール代数という代数系の観点からの定義を以下に示しておく．

ブール代数

B を空でない有限集合とし，$+$ と $*$ の二項演算と $'$ の一項演算を持つとする．この集合 B が，任意の要素 $a, b, c \in B$ に関して以下の性質を満たすとき，ブール代数という．

(1) ［結合律］　$a + (b + c) = (a + b) + c,\quad a * (b * c) = (a * b) * c.$

(2) ［交換律］　$a + b = b + a,\quad a * b = b * a.$

(3) ［吸収律］　$a * (a + b) = a,\quad a + (a * b) = a.$

(4) ［分配律］　$a + (b * c) = (a + b) * (a + c),\quad a * (b + c) = (a * b) + (a * c).$

(5) ［同一律］　$a + 0 = a,\quad a * 1 = a.$

(6) ［補元律］　$a + a' = 1,\quad a * a' = 0.$

上記のブール代数の定義は，集合 B を有限集合とした一般化した形であるが，情報系の分野では，$B = \{0, 1\}$ とした 2 要素集合で考える場合が多い．特に，デジタル回路の設計などにおいては，上記の定義の B の要素としては，電圧の高い状態（例えば，これを「1」あるいは「H」などで表記する）と電圧の低い状態（これを「0」あるいは「L」などで表記する）を考え，デジタル回路を設計したり，ブール代数をうまく利用して回路を簡略化を行ったりする．これ以上の解説については，紙幅の関係から本書では取り扱わないので，興味のある読者は，関連する専門書の方をひもといてほしい．

さて，このブール代数という考え方を，はじめて提案したのは，数学者ブール（George Boole, 1815 年 11 月 2 日 – 1864 年 12 月 8 日）である．コンピュータが登場するはるか以前，約 1 世紀前の 1854 年に，このような考え方が提案されたことは非常に驚異的なことである．しかし，その当時，この考え方が何の役に立つのかまったく理解されなかったため，ブール代数，そしてブール自身もあまり評価されなかったと言われている．その後，長い年月を経て，ようやく工学的応用がなされるようになる．具体的には，日本人の 2 名の研究者，中島と榛沢によって現在のようなコンピュータの設計に応用されるようになり，その後しばらくして，情報理論で有名なシャノンが同様の応用を行ったと言われている．

例題 7-17

集合 $A = \{1, 2, 3\}$ のべき集合 $P(A)$ に対して，包含関係 $\subset$ を順序として考える．$(P(A); \subset)$ のハッセ図を描き，$(P(A); \subset)$ がブール代数になるか確認せよ．
（問題の趣旨：ブール代数の理解）

解答

3 要素の集合のべき集合なので，例題 7-11 と同じ束になる（図 7.19）．それぞれの要素の組合せについて，分配律が成立するか否かを調べると，すべてについて成立するので，分配束である．また各要素について補元が存在するので，可補束でもある．よって，ブール代数（ブール束）である．

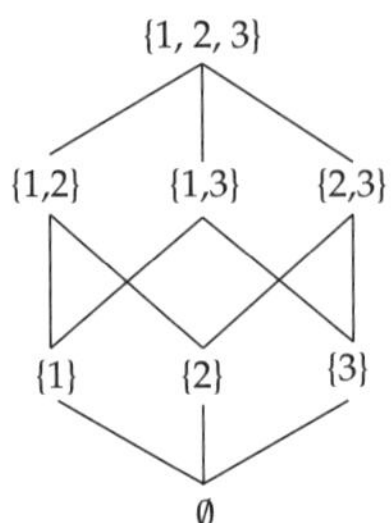

図 7.19　例題 7-17 のハッセ図

■

例題 7-18

集合 $B = \{0,1\}$ とし，この直積集合 $B^3 = B \times B \times B$ を考える．この直積集合に対して，以下の順序を定める．

$$(b_1, b_2, b_3) \leq (b'_1, b'_2, b'_3) \quad \Leftrightarrow \quad b_1 \leq b'_1 \quad \text{and} \quad b_2 \leq b'_2 \quad \text{and} \quad b_3 \leq b'_3.$$

$(B^3; \leq)$ のハッセ図を描き，$(B^3; \leq)$ がブール代数になるか確認せよ．
（問題の趣旨：ブール代数の理解）

解答

図 7.20 に示すように，前問と同じ形の束になる．よってブール代数になる．

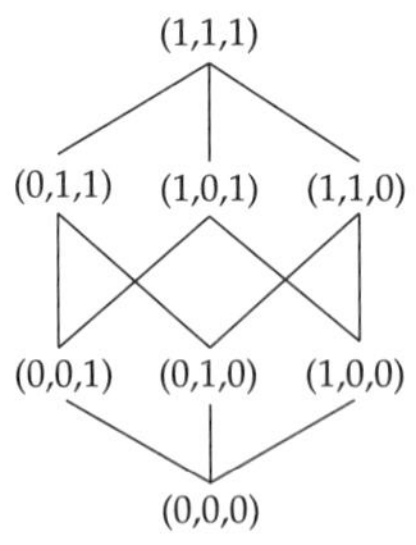

図 7.20　例題 7-18 のハッセ図

■

7.10　束の応用事例：形式概念分析とセマンティックウェブへの展開

前節では，100年以上も前から，現在のコンピュータの基礎となるブール代数の考え方が提案されていたこと，そして，約半世紀前に，それらの具体的な実装が行われ，工学における束という数学的構造の重要性が認識されたこと，について紹介した．ブール代数のコンピュータへの応用は，半世紀前から一世紀以上も前の事例になるが，実は，そのほかにも，情報系の分野の最先端の中で光り輝く束の応用事例がある．それが，**セマンティックウェブ**である．

セマンティックウェブ (semantic web) は，1998年にティム・バーナーズ・リーによって提唱された考え方であり，「Webページをはじめとする情報リソースに意味（セマンティック）を付与することで，コンピュータが自律的に検索や収集などの処理をできるようにするための技術」と定義されている．

現在のWebページは主にHTMLなどを用いて記述されており，ページやその中に記述された情報について，それが何を意味するのかをコンピュータが自動的に判断する手法がほとんどない．情報の検索や活用をより高度にするためには，これらの手法の開発が必須である．セマンティックウェブでは，情報を記述する際に必ずそれが何を意味するかを表すデータを付与することで，より複雑で精度の高い検索を可能にしたり，特定の種類の情報を収集して活用することができるようになると言われている（図7.21）．

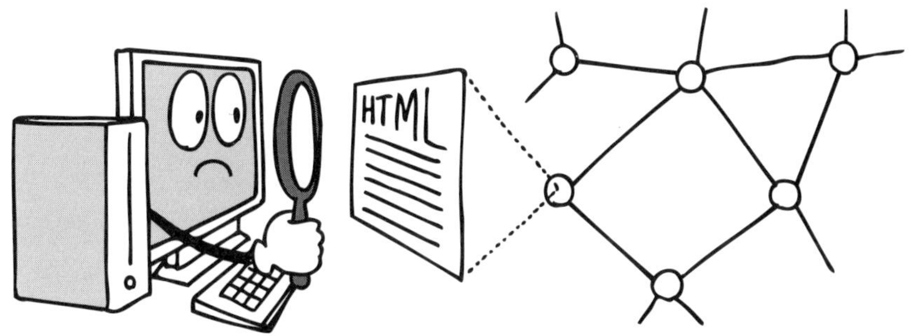

図7.21　セマンティックウェブのイメージ

意味データを付与することは有効ではあるが，ページ作成者にとっては余分な負担になるうえに，意味データとして適切なキーワードを選択することも，それほど簡単な作業ではない．したがって，世に送り出される大部分の情報に適切な意味データが付与されるということは期待しにくい．そこで，情報記述の際のデータ付与を行うことなく，セマンティックウェブを実現させるための1つの要素技術として注目を集めているのが，**形式概念分析** (Formal Concept Analysis) である．形式概念分析はデータ解析手法の1つであり，数学的に定義された概念データを思考単位として，概念構造の明確化や事象の分析，データ可視化およびデータ依存関係などを明らかにするものである．形式概念分析を利用すると，世の中にある事象，例えば，様々なスポーツを，それぞれの属性（特徴）に基づき分類し，図7.22のように体系的な概念階層を構築することができる．この概念階層が束の構造を持っており，束のいろいろな数学的性質の観点から議論することができるようになる．

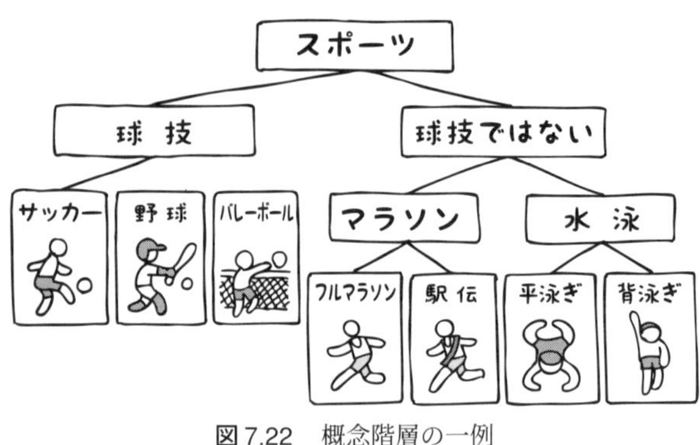

図7.22　概念階層の一例

ここから，形式概念分析の詳細な解明を行う．形式概念分析では分析対象となる事象やデータを**オブジェクト集合** G，**オブジェクト**の持つ性質を**属性集合** M と呼ぶ．ここではWebページ集合がオブジェクト集合 G に対応し，キーワード集合が属性集合 M に対応する．これらと G と M の二項関係 I から構成したものをコンテクスト $\mathbb{K} = (G, M, I)$ と呼ぶ．このとき，$g \in G$，$m \in M$ において，gIm または $(g, m) \in I$ と書いて，「オブジェクト g は属性 m を持つ」ことを意

味する．**コンテクスト** (G,M,I) は，$|G|$ 行 $|M|$ 列の表で，gIm のとき行 g 列 m のセルに×を記入することにより表現する．コンテクストの例を表 7.3 に示す．

表 7.3 Web ページとキーワードのコンテクスト表

	E-shop	books	games	videos	toys
web page 1	×	×			
web page 2	×		×		
web page 3	×			×	
web page 4				×	×

この表において，web page 1 は E-shop，books という 2 つのキーワードを含むことを表す．オブジェクトの部分集合 $A \subset G$，属性の部分集合 $B \subset M$ について，2 つの写像

$$A' = \{m \in M \mid (\forall g \in A) gIm\}, \tag{7.1}$$

$$B' = \{g \in G \mid (\forall m \in B) gIm\}, \tag{7.2}$$

を定義する．式 (7.1) の A' はオブジェクトの集合 A に共有される属性の集合，式 (7.2) の B' は B に属するすべての属性を共有するオブジェクトの集合を表す．ここで，

$$A' = B \quad \text{and} \quad B' = A, \tag{7.3}$$

となる (A,B) の組をコンテクスト $\mathbb{K} = (G,M,I)$ の**概念**と呼ぶ．そして，A を**外延**，B を**内包**と呼ぶ．例えばこの表において，式 (7.2) より $B = \{\text{E-shop}\}$ のとき $B' = \{1,2,3\}$，式 (7.1) より $A = \{1,2,3\}$ のとき $A' = \{\text{E-shop}\}$ となり，式 (7.3) が成立するので，$(\{1,2,3\},\{\text{E-shop}\})$ は概念となる．コンテクスト $\mathbb{K}$ のすべての概念 (A,B) の集合を $\mathfrak{B}(G,M,I)$ と書く．$\mathfrak{B}(G,M,I)$ における概念 (A_1,B_1)，(A_2,B_2) 間の順序を

$$(A_1,B_1) \leq (A_2,B_2) \Leftrightarrow A_1 \subseteq A_2 \Leftrightarrow B_1 \supseteq B_2,$$

のように定義する．ここで，(A_2,B_2) は (A_1,B_1) の上位概念，(A_1,B_1) は (A_2,B_2) の下位概念と呼ぶ．すべての概念に上限および下限を導入して得られる束を**概念束** $\underline{\mathfrak{B}}(G,M,I)$ と定義する．表 7.3 のコンテクストの概念束を図 7.23 に示す．

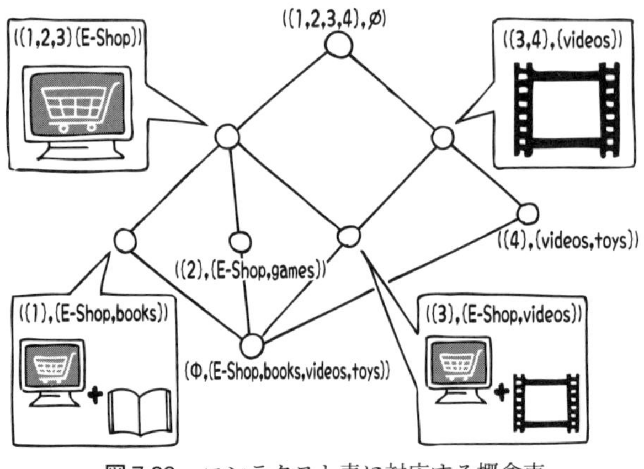

図 7.23　コンテクスト表に対応する概念束

概念束の配置はトップ{全Webページ，∅}を最上部，そしてボトム（∅,{全キーワード}を最下部に配置する．各概念の内包は，トップからボトムに向かってキーワードが追加されるように配置される．また外延は，内包とは逆にボトムからトップに向かってWebページが追加される．図7.23における概念({1,2,3},{E-shop})は，エッジで結ばれた1つ下の階層の概念({1},{E-shop,books})，({2},{E-shop,games})，({3},{E-shop,videos})の上位概念となっており，これらすべての概念にキーワードE-shopが引き継がれる．上位概念の下位の概念はキーワードが追加されることにより，Webページが細分化される．逆に図における概念({3},{E-shop,videos})は，({1,2,3},{E-shop})，({3,4},{videos})の下位概念となっている．既存のクラスタリングでは分類されたクラスタどうしの関係を読み取ることができないのに対し，概念束は，コンテクスト表からは直接読み取れない概念構造や概念間の関係を明示し，データ分析を行うときの有力な示唆を与える図式になっている．

次に式(7.3)の性質を利用した概念の生成過程を説明する．最初に，オブジェクト集合 $A = \{1,2,3,4\}$ から始める．コンテクスト表からはすべてのWebページに共通なキーワードは存在しないことがわかる．よって，$A' = \{1,2,3,4\}' = \emptyset$ であるから，1つの概念({1,2,3,4},∅)が生成され，これを表7.4に追加する．

続いて，順に概念を求めていくが，ここでは最も多くのWebページが共有

表 7.4 概念の生成過程

Attributes	Extents
	$\{1,2,3,4\}$
E-shop	$\{1,2,3\}$
videos	$\{3,4\},\{3\}$
books	$\{1\},\emptyset$
games	$\{2\}$
toys	$\{4\}$

するキーワードから求めていく．その理由は，外延の要素が多い概念ほど内包の要素が少なく，概念束の上方に位置する概念を求めることができるからである．では，キーワード $B = \{\text{E-shop}\}$ から求めていく．コンテクスト表から，「E-shop」を含む Web ページ集合は，$\{\text{E-shop}\}' = \{1,2,3\}$ である．逆に，Web ページ集合 $\{1,2,3\}$ が共通に含む属性集合は，$\{\text{E-shop}\}$ であるから，概念 $(\{1,2,3\},\{\text{E-shop}\})$ が生成され，表 7.4 に追加される．このとき各ステップでは，それまでに得られた Web ページ集合との積集合を計算し，もしも新規のものが生成されれば，それも表 7.4 に追加する．例えば，キーワード "videos" の場合，$\{\text{videos}\}' = \{3,4\}$ が求まり，表 7.4 に追加されるが，さらにこの $\{3,4\}$ とそれ以前に得られた Web ページ集合との積集合によって，新たに $\{3\}$ が生成され表 7.4 に追加される．この積集合の計算過程は次のようになる．

$$A = \{1,2,3,4\} \cap \{3,4\} = \{3,4\},$$

ここで $\{3,4\}$ は既出集合なので何もしない．一方，

$$A = \{1,2,3\} \cap \{3,4\} = \{3\},$$

ここで $\{3\}$ ははじめて出現したので，表 7.4 に追加する．以上の操作を漏れなくすべての属性について行うと表 7.4 が完成する．表 7.4 を図 7.24 の手順で Web ページ集合の包含関係の順序により描画すると概念束の図が得られる．

形式概念分析では，共通のキーワードを持つ Web ページ群を同じ概念に分類することができるため，共通のキーワードを何らかの形で，その概念を表す

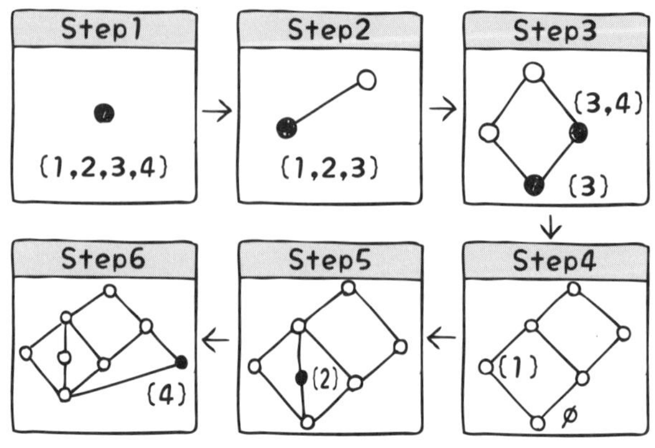

図 7.24　概念束の描画手順

ものとして対応させることができれば，セマンティックウェブの目指す，コンピュータの自律的な処理のための意味づけの１つを提供することにつながると期待される．さらに，視覚化された概念束では，上位部分ほど概念が広く，下位部分ほど概念が具体的になってゆくため，これを検索エンジンに利用すれば，ユーザーは上位から下位に向かって，猛禽類のように，かつ直感的に目的のページに到達することができると期待される．

7.11　AIと量子コンピュータ

1940年代にコンピュータが登場し，その後，われわれの生活が一変したということは，誰も否定しないであろう．その後誰でも手軽に高性能な情報端末を入手でき，いつでもどこでも簡単にネットに接続できるようになってきている．もはや，われわれの日常生活においては，衣食住に匹敵するほど・・・いや，人によっては，衣食住よりも，コンピュータの存在の方が重要になりつつある．このようなコンピュータの登場に匹敵するような歴史的な大革新が，いま，われわれの周りで，起こりつつある．それは，**量子コンピュータ**の登場である．

量子コンピュータは，本章で紹介したブール代数に基づくこれまでのコンピュータとはまったく異なるアーキテクチャで駆動するコンピュータである．量子コンピュータが従来のコンピュータに比べて，何が凄いのかというと，「少ない回数の計算で瞬時に答えを導き出せること」にある．例えば，金庫の鍵が4桁のダイヤル錠によってロック（解錠の番号は7777）されているとし，これを従来のコンピュータの方式で解錠しようとすると，「0000」から「9999」まで1つずつ数字を合わせて，解錠できるかどうかを試すことになる．一方，量子コンピュータは，このような1つずつ合わせるといった手間をかけずに，あっという間に「7777」の解錠の番号を当てることができる（図7.25）．

図7.25　量子コンピュータと従来のコンピュータの比較

この魔法のような量子コンピュータを理解するポイントとなる，**量子**についての解説から始めよう．われわれの身の回りの物質を形づくるのは原子であり，この原子は電子や陽子，中性子から構成されている，ということは読者の皆さんもすでに学んできたであろう．量子とはこうした原子よりも，さらに細かい物質やエネルギーの粒に対応すると考えてほしい．

このような細かな量子の世界においては，われわれの常識では考えられないような現象が起こる．その1つに「同時に2つ以上の状態をとる」という現象がある．例えば，AとBという2つの箱と，ボールが1つあるとして，どちらかの箱にボールを入れるとする．われわれの常識では，AかBのいずれか1つにしかボールが入っていないはずが，量子の世界では，AとBのどちらにもボールがあるという状態が起こり得るのである（図7.26）．

このような不思議な量子の世界を支配する物理法則を，われわれは**量子力学**

図 7.26　量子コンピュータの世界と従来のコンピュータの世界

と呼ぶ．この量子力学を利用したのが，量子コンピュータである．従来のコンピュータの仕組みは，本章の7.9節においてすでに説明しているように，「0」と「1」の組合せで情報を表現する．われわれの身の回りの文字，画像などあらゆる事象が，「0」と「1」で表現され，例えば，アルファベットのAを「0000」，Bを「0001」，Cを「0010」のように対応させ，処理されることになる．ここで0と1で表す情報処理の単位を「ビット」と呼ぶ（このあたりは，第1章の集合を参照）．実際にはコンピュータの中の回路で電圧を高くして「1」を表し，低くすることで「0」を表す．

一方，量子コンピュータは「0でもあり，1でもある」という「量子ビット」を情報処理の単位にしている．これは0と1が重ね合わさった状態となる．実際に，この「重ね合わせ」を作り出すための代表的な技術が，物質を絶対零度（セ氏マイナス273.15度）近くまで下げて電気抵抗をなくす超伝導になる．

量子コンピュータが複雑な計算問題を圧倒的な速さで解けるのは，この**量子ビット**の特徴を利用しているからである．本節冒頭でも説明したように，従来のコンピュータは，「0」と「1」を組み合わせてビットのパターンごとに情報を1つずつ処理してゆく．例えば4ビットの場合，「0000」から「1111」まで16通りの組合せになり，16回計算が必要となる．100通りなら，100回の計算が必要になる．

一方，量子コンピュータの場合，4量子ビットを使って「0であり，かつ1でもある」という状態から，16通りをいっぺんに表すことができる．10量子ビットなら 1,024 通り，16 量子ビットなら 32,678 通り，32 量子ビットなら 4,294,967,296 通りを一度に扱うことができるわけである．

このように，膨大な組合せをいっぺんに取り扱うことのできる量子コンピュータは，例えば，第 5 章で解説したような「暗号」，第 6 章で解説したような「巡回セールスマン問題」や「分割問題」などを，あっという間に解くことができるようになると言われている．また，AI の分野も，第 6 章の 6.6 節で解説した強化学習のように，組合せ爆発がボトルネックになっている場合が多くあり，量子コンピュータによって，これらを解決できると期待されている．よって，現在，量子コンピュータに世界中の企業が注目し，その研究開発にしのぎを削っているわけである．これ以上の深い話は，本書の範囲を超えるので，興味を持った読者はぜひ専門書をひもといてほしい．

参考文献

[1] Seymour Lipschutz（著），成嶋 弘（翻訳），「離散数学――コンピュータサイエンスの基礎数学」（マグロウヒル大学演習），オーム社 (1995)（特に第 10 章）．

[2] 石村 園子，「やさしく学べる離散数学」，共立出版 (2007)（特に第 4 章）．

[3] 志賀 浩二，「集合への 30 講（数学 30 講シリーズ）」，朝倉書店 (1988)（特に第 20 講）．

[4] 守屋 悦朗，「離散数学入門（情報系のための数学）」，サイエンス社 (2006)（特に第 3 章）．

[5] 牧野和久，「基礎系 数学 離散数学 (東京大学工学教程)」，丸善出版 (2020)（特に第 4 章）．

[6] 青木利夫，高橋渉，平野載倫，「演習・集合位相空間」，培風館 (1985)（特に第 2 章）．

[7] 小倉久和，高浜徹行，「情報の論理数学入門―ブール代数から述語論理まで」，近代科学社 (1991).

[8] エリオット・メンデルソン（著），大矢建正（著），「ブール代数とスイッチ回路」（マグロウヒル大学演習シリーズ）オーム社 (1982)

[9] 高木 剛，「暗号と量子コンピュータ」，オーム社 (2019)

[10] 湊雄一郎，「いちばんやさしい量子コンピューターの教本」，インプレス (2019)

第8章 グラフ理論

グラフとは，点と線からなる素朴な対象であり，直感的で非常にわかりやすい．そして，グラフ理論とは，この素朴な対象を，数学的な観点から取り扱う学問分野のことである．グラフ理論は，集合論や代数といったほかの数学の分野に比べると，比較的，若い数学の分野である．一方で，学べば学ぶほど，非常に奥が深く，味わい深い分野であることがわかる．さらに現代の情報社会にとってなくてはならない重要な数学の分野であることがわかってくる（図8.1）．

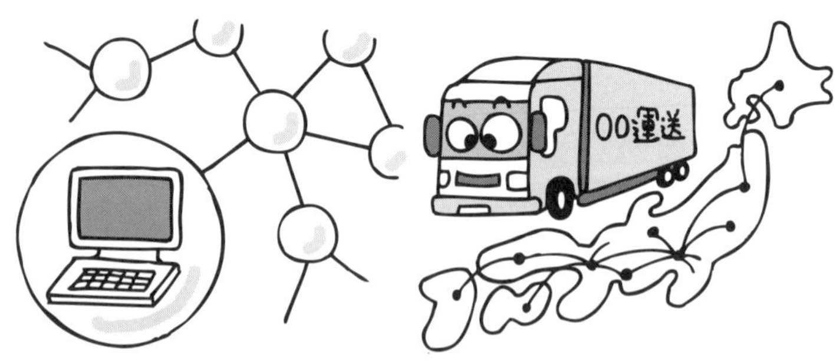

図8.1　インターネット（左），配送問題（右）もグラフ理論で扱うことのできる対象

例えば，第5章で紹介した検索エンジンの生き残り戦争において，最後まで生き残った検索ランキングのアルゴリズムはグラフ理論を利用したものであ

第14回目
開始（0分）

る．またソーシャルメディアのサービスなどは，それらをグラフとして表現することで，ふるまいを系統的にとらえたり，新しい知見を発見することが可能になっている．ほかにも，パターン認識，情報推薦，などでは，グラフカットやグラフマイニングなど，グラフ理論をベースにした手法が注目を集めている．第6章で紹介した巡回セールスマン問題などは，われわれの社会のインフラを支える宅急便の配達戦略の立案，車のナビゲーション，列車の乗り換え案内などの中核になっており，これもグラフで表現できる．さらにグラフ理論を発展させた複雑ネットワークという分野では，インターネットや人間関係を複雑な構造を持つネットワーク（グラフ）として取り扱い，統計的な観点から解析したり，確率的なふるまいを導入することで病気の感染や口コミの伝搬などを予測する研究も行われている．もちろん，AIとグラフが強く関連する応用事例も数多くある．

このように，素朴でありながら，非常に重要で豊富な応用事例に恵まれた情報系の数学の分野は，他に類を見ないものなので，しっかり学んでもらいたい．

8.1 グラフの数学的定義

本章の冒頭で述べたように，グラフとは点と線からなる．その数学的定義は以下のようになる．

グラフ

グラフ G は，空でない有限集合 $V(G)$ と $E(G)$（$E(G)$ は空集合もありうる）からなる．ここで，$V(G)$ を**頂点集合**と呼び，その要素を**頂点**，**節点**，あるいは**点**と呼ぶ．$E(G)$ は，**辺**と呼ぶ要素からなる集合であり，辺の実体は $V(G)$ の異なる2点の**非順序対**である．

グラフにおいて，2つの点を結ぶ辺が2本以上ある場合，**多重辺**が存在するという．また同じ点を結ぶ辺のことを，**ループ**と呼ぶ．これら2つの条件を許さない場合のグラフを**単純グラフ**と呼び，そうでない場合を**一般グラフ**と呼ぶ．図8.2に，単純グラフと一般グラフの例を示す．

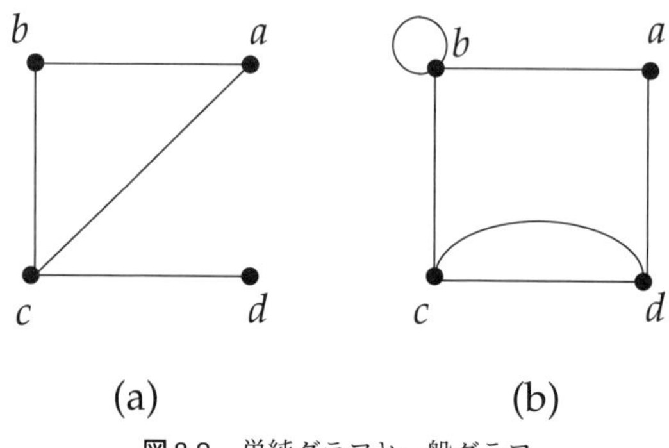

図8.2　単純グラフと一般グラフ

(a) は単純グラフである．数式で表現すると $V(G) = \{a, b, c, d\}$，$E(G) = \{\{a, b\}, \{a, c\}, \{b, c\}, \{c, d\}\}$ となる．$E(G)$ の要素は非順序対なので，(a, b) ではなく $\{a, b\}$ のように表現されているところに注意してほしい．つまり，要素の登場する順番に関係ないので $\{a, b\} = \{b, a\}$ である．辺の $\{a, b\}$ は，点 a と b を**結ぶ**といい，本書では ab と略記することもある．(b) は単純グラフではなく，一般グラフである．数式で表現すると $V(G) = \{a, b, c, d\}$，$E(G) = \{\{a, b\}, \{b, b\}, \{b, c\}, \{c, d\}, \{c, d\}, \{d, a\}\}$ となり，点 b に接続するループ，また点 c と d の間に多重辺が存在するため，単純グラフではない．

例題 8-1

次のグラフの図を描け．

(a) $V(G_1) = \{A, B, C, D\}$, $E(G_1) = \{\{A, B\}, \{A, C\}, \{B, C\}, \{B, D\}, \{C, D\}\}$.

(b) $V(G_2) = \{a, b, c, d, e\}$, $E(G_2) = \{\{a, b\}, \{a, c\}, \{b, c\}, \{d, e\}\}$.

(c) $V(G_3) = \{1, 2, 3, 4, 5\}$, $E(G_3) = \{\{i, j\} \mid i, j \in V(G_3), i < j\}$.

（問題の趣旨：グラフの定義の理解）

解答

それぞれ，図 8.3 のようなグラフになる．グラフ理論においては，頂点と辺の接続情報が本質的に重要であるので，頂点の位置や辺の長さが図 8.3 と異なっていてもまったく問題はない．■

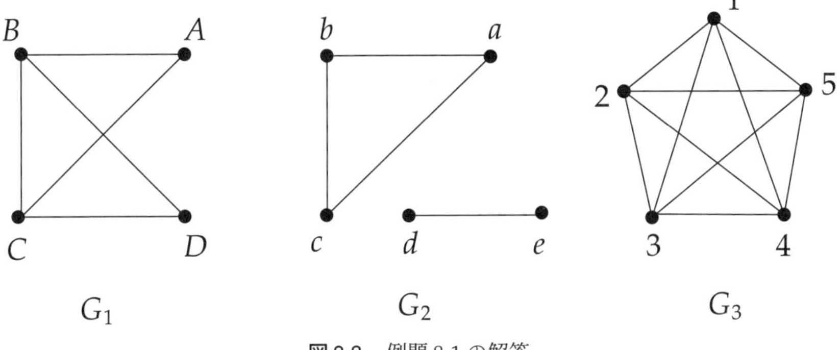

図 8.3　例題 8-1 の解答

図 8.4　同型なグラフの例

グラフにおいて本質的に重要な情報は，頂点と辺の接続状態であり，例えば，図 8.4 に示すような 2 つのグラフは，頂点に割り当てられた記号が異なるだけで，本質的に接続状態は同じである．このような 2 つのグラフのことを，**同型**という．以下にその定義をまとめる．

同型

2 つのグラフ G と G' の頂点と辺の接続状態が同じであるとき，2 つのグラフは**同型**であるといい，$G \cong G'$ で表す．

グラフの見た目にとらわれるのではなく，あくまでも頂点間の接続関係のみを議論するグラフ理論の本質が，この同型という考え方にみることができる．

「集合と部分集合」あるいは「群と部分群」の対応のように，グラフについても**部分グラフ**を考えることができる．

部分グラフ

2つのグラフ $G_1 = (V(G_1), E(G_1))$ と $G_2 = (V(G_2), E(G_2))$ について $V(G_1) \subset V(G_2)$ および $E(G_1) \subset E(G_2)$ が成立しているとき G_1 を G_2 の**部分グラフ**といい，$G_1 \subset G_2$ とかく．

例題 8-2

例題 8-1 (a) の G_1 の部分グラフをいくつか挙げよ．

（問題の趣旨：部分グラフの定義の理解）

解答

例えば，図 8.5 のようなものが，部分グラフとなる．

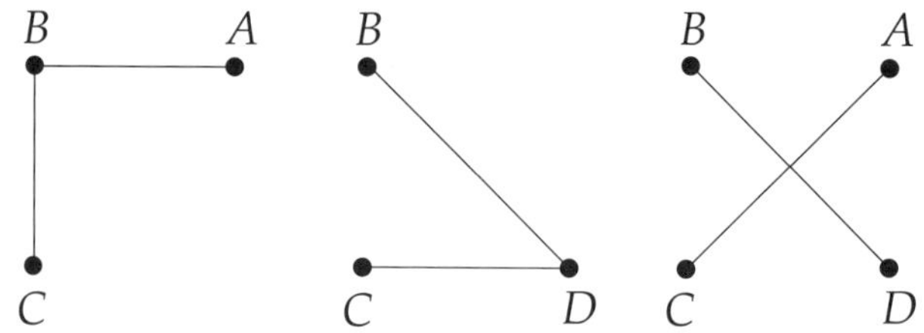

図 8.5　例題 8-1 の G_1 の部分グラフの例

■

8.2　隣接と接続および行列による表現方法

グラフにおいて，ある頂点どうしが結ばれている，あるいは頂点と辺がつながっている，ということを，正確な用語を用いて定義する．

隣接と接続

グラフ G に，2つの頂点 v と w を結ぶ辺 vw があるとき，v と w は**隣接**しているという．このとき，点 v と w は辺 vw に**接続**しているという．また，グラフ G の2本の辺が1つの点を共有しているとき，その2辺は隣接しているという．

次数

グラフ G の頂点 $v \in V(G)$ について v に接続する辺の数を点 v の**次数**といい，$d(v)$ で表す．言い換えると，点 v から出ている辺の数が点 v の**次数**である．ループは2辺と数える．また $d(v) = 1$ である点 v を**端点**，$d(v) = 0$ である点 p を**孤立点**という．また $d(v)$ が偶数である点 v を**偶頂点**，$d(v)$ が奇数である点 v を**奇頂点**という．

グラフの次数に関して，次のような興味深い性質が成立する．

定理 8-1

グラフ $G = (V(G), E(G))$ において，$V = \{v_1, v_2, \ldots, v_m\}$ とし，辺の数を n とするとき

$$\sum_{i=1}^{m} d(v_i) = 2n, \tag{8.1}$$

が成立し，奇頂点の個数は偶数となる．すなわち，任意のグラフのすべての頂点の次数を合計すれば偶数となる．

これは，図8.6に示すように，各頂点から出ている辺を手としてみなしたとき，相手の頂点と隣接する場合には，必ず握手する必要があり，その握手が成立するためには手が2つ必要になる．握手の成立している数がどのような場合でも，2の倍数，すなわち偶数になるというものである．

図 8.6　握手をするには，手が 2 つ必要

例題 8-3

図 8.7 のグラフに関して，各頂点の次数を求め，定理 8-1 が成立することを確認せよ．

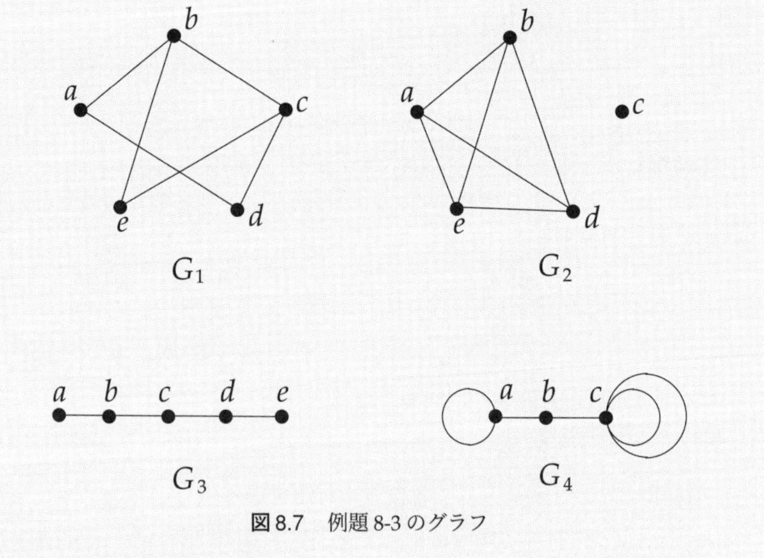

図 8.7　例題 8-3 のグラフ

（問題の趣旨：定理 8-1 の理解）

解答

グラフ G_1 については，$d(a) = 2, d(b) = 3, d(c) = 3, d(d) = 2, d(e) = 2$ となるので，これらの次数を合計すれば，12 となる．グラフ G_1 の辺の本数は 6 本なの

で，$6 \times 2 = 12$ である．また，奇頂点は b と c なので，偶数個となり，定理 8-1 が成立していることが確認できる．

グラフ G_2 については，$d(a) = 3, d(b) = 3, d(c) = 0, d(d) = 3, d(e) = 3$ となるので，これらの次数を合計すれば，12 となる．グラフ G_2 の辺の本数は 6 本なので，$6 \times 2 = 12$ である．また，奇頂点は a, b, d, e なので，偶数個となり，定理 8-1 が成立していることが確認できる．

グラフ G_3 については，$d(a) = 1, d(b) = 2, d(c) = 2, d(d) = 2, d(e) = 1$ となるので，これらの次数を合計すれば，8 となる．また，奇頂点は a, e の 2 つで，偶数個となり，定理 8-1 が成立していることが確認できる．

グラフ G_4 については，$d(a) = 3$（ループは 2 辺と数えるため），$d(b) = 2$, $d(c) = 5$, となるので，これらの次数を合計すれば，10 となる．また，奇頂点は a, c の 2 つで，偶数個となり，定理 8-1 が成立していることが確認できる．■

さて，グラフにおける頂点どうしの接続情報，また頂点と辺の接続情報については，なじみのある行列を利用することで表すことができる．次にそれをまとめる．

第 14 回目
30 分経過

隣接行列と接続行列

$G = (V(G), E(G))$ の頂点の数を m 点，辺の数を n 本のグラフとする．

(1) 次で定義される $m \times m$ 行列 A を G の**隣接行列**という．

$$A = (a_{ij}) \qquad a_{ij} = \text{頂点 } v_i \text{ と頂点 } v_j \text{ を結ぶ辺の個数}.$$

(2) 次で定義される $m \times n$ 行列 M を G の**接続行列**という．

$$M = (m_{ij}) \qquad m_{ij} = \text{頂点 } v_i \text{ が辺 } e_j \text{ に接続していれば } 1\text{，そうでなければ } 0 \text{ とする}.$$

例題 8-4

図 8.8 のグラフの隣接行列 A と接続行列 M を求めよ.

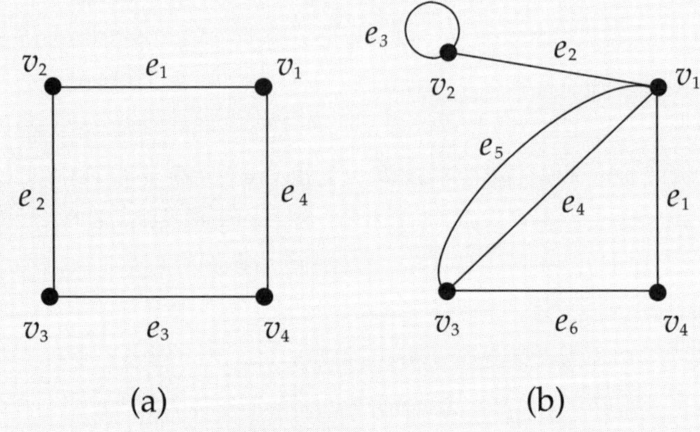

図 8.8　例題 8-4 のグラフ

（問題の趣旨：隣接行列と接続行列の理解）

解答

(a) のグラフについての隣接行列と接続行列は,

$$A = \begin{pmatrix} 0 & 1 & 0 & 1 \\ 1 & 0 & 1 & 0 \\ 0 & 1 & 0 & 1 \\ 1 & 0 & 1 & 0 \end{pmatrix}, \qquad M = \begin{pmatrix} 1 & 0 & 0 & 1 \\ 1 & 1 & 0 & 0 \\ 0 & 1 & 1 & 0 \\ 0 & 0 & 1 & 1 \end{pmatrix},$$

となる.

(b) のグラフについての隣接行列と接続行列は,

$$A = \begin{pmatrix} 0 & 1 & 2 & 1 \\ 1 & 1 & 0 & 0 \\ 2 & 0 & 0 & 1 \\ 1 & 0 & 1 & 0 \end{pmatrix}, \qquad M = \begin{pmatrix} 1 & 1 & 0 & 1 & 1 & 0 \\ 0 & 1 & 1 & 0 & 0 & 0 \\ 0 & 0 & 0 & 1 & 1 & 1 \\ 1 & 0 & 0 & 0 & 0 & 1 \end{pmatrix},$$

となる. ■

例題 8-5

次の隣接行列を持つグラフを描け．

$$A_1 = \begin{pmatrix} 0\,2\,0\,1 \\ 2\,1\,1\,1 \\ 0\,1\,0\,1 \\ 1\,1\,1\,0 \end{pmatrix}, \qquad A_2 = \begin{pmatrix} 1\,1\,1\,2 \\ 1\,0\,0\,0 \\ 1\,0\,0\,2 \\ 2\,0\,2\,2 \end{pmatrix}.$$

（問題の趣旨：隣接行列の理解）

解答

図 8.9 に示すようなグラフとなる．

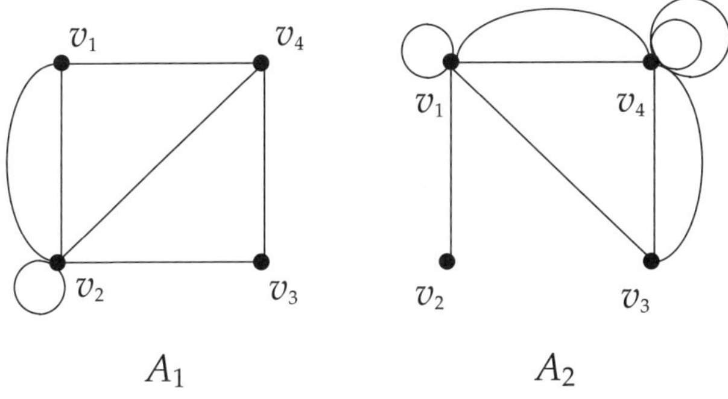

図 8.9 例題 8-5 の解答

■

8.3 特別なグラフ

ここでは特別なグラフとして，3 種類のグラフ「完全グラフ」「正則グラフ」「2 部グラフ」を紹介する．

完全グラフ・正則グラフ

完全グラフとは，すべての頂点が他の頂点と辺で結ばれているグラフのことである．n 個の点からなる完全グラフを K_n で表す．すべての頂点の次数が等しいグラフを**正則グラフ**という．完全グラフ K_n は次数 $n-1$ の正則グラフである．

例題 8-6

完全グラフ K_5 を描画せよ．また，頂点が5個で，完全グラフ以外の正則グラフを1つ示せ．

（問題の趣旨：完全グラフと正則グラフの理解）

解答

下図の左が K_5 に対応し，右が次数2の正則グラフに対応する．

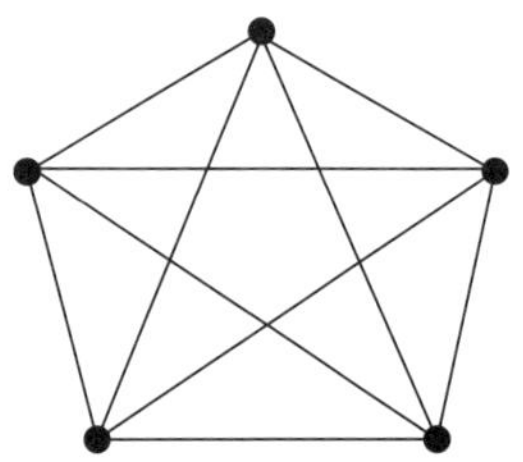

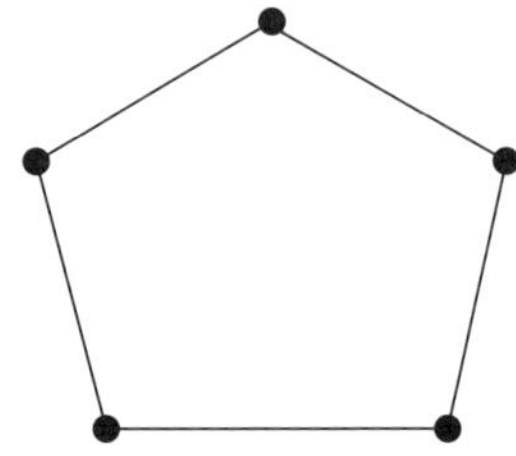

図 8.10　例題 8-6 の解答

完全グラフ K_n には，$\frac{1}{2}n(n-1)$ 本の辺がある．K_5 の場合，この式より辺の数は10となり，図8.10よりこのことが確認できる．また，右図の次数2の正則グラフは，**サイクルグラフ**とも呼ばれる．■

2部グラフ

$G = (V(G), E(G))$ において，頂点の集合 $V(G)$ が2つの互いに素な部分集合 $V_1(G)$ と $V_2(G)$ に分割され ($V(G) = V_1(G) \cup V_2(G)$, かつ $V_1(G) \cap V_2(G) = \emptyset$), 辺の集合 $E(G)$ が $V_1(G)$ と $V_2(G)$ の頂点とを結ぶ辺だけからなるグラフを**2部グラフ**という．また $V_1(G)$ と $V_2(G)$ の頂点が互いにすべて結ばれている2部グラフを**完全2部グラフ**という．$|V_1(G)| = m$, $|V_2(G)| = n$ であるような完全2部グラフを $K_{m,n}$ で表す．

例題 8-7

次のグラフを描け．また，それぞれのグラフの隣接行列を示せ．

(1) $K_{3,3}$ (2) $K_{3,4}$

（問題の趣旨：2 部グラフの理解）

解答

それぞれの隣接行列は以下のようになる．

$$A_1 = \begin{pmatrix} 0&0&0&1&1&1 \\ 0&0&0&1&1&1 \\ 0&0&0&1&1&1 \\ 1&1&1&0&0&0 \\ 1&1&1&0&0&0 \\ 1&1&1&0&0&0 \end{pmatrix}, \qquad A_2 = \begin{pmatrix} 0&0&0&1&1&1&1 \\ 0&0&0&1&1&1&1 \\ 0&0&0&1&1&1&1 \\ 1&1&1&0&0&0&0 \\ 1&1&1&0&0&0&0 \\ 1&1&1&0&0&0&0 \\ 1&1&1&0&0&0&0 \end{pmatrix}.$$

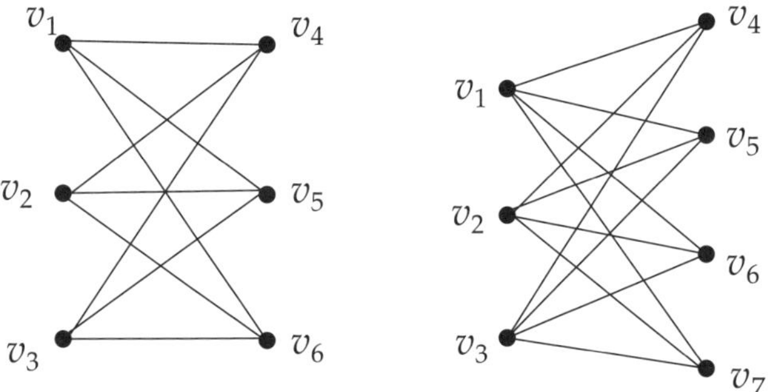

図 8.11 例題 8-7 の解答．左が $K_{3,3}$，右が $K_{3,4}$

■

8.4　経路

グラフの中を歩いて回ること（図8.12），例えば「ある頂点からある頂点まで辺をたどってゆく」といったことを考えると，興味深い性質が見えてくる．ここでは，その議論のために必要な一連の定義を紹介し，そのあと，いろいろな性質について解説を行う．

図8.12　グラフにはいろいろな特性が存在する

経路・歩道

グラフGにおける**経路**とは，頂点と辺が交互に表れる系列

$$v_0, e_1, v_1, e_2, v_2, \ldots, e_n, v_n$$

であり，**歩道**とも呼ぶ．ここで，連続する頂点と辺は接続している．v_0を**始点**，v_nを**終点**と呼び，この経路のことを，v_0 **から** v_n **への経路**，という．経路に含まれる辺の数を，**経路の長さ**という．

小道と道

すべての辺が異なる経路のことを**小道**と呼ぶ．またすべての頂点が異なる小道を**道**と呼ぶ．始点と終点が同じならば，小道や道は**閉じている**という．

例題 8-8

以下の図において，小道と，道を見つけよ（すべて見つける必要はない）．

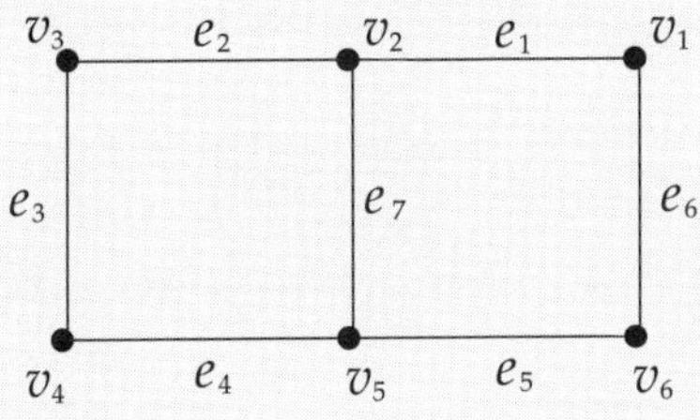

（問題の趣旨：小道と道の理解）

解答

小道はすべての辺が異なる経路のことなので，例えば，$v_1, e_1, v_2, e_2, v_3, e_3, v_4$ や $v_1, e_1, v_2, e_7, v_5, e_5, v_6, e_6, v_1$ などが挙げられる．道はすべての頂点が異なる小道なので，前述の小道のうち $v_1, e_1, v_2, e_2, v_3, e_3, v_4$ は道になるが，$v_1, e_1, v_2, e_7, v_5, e_5, v_6, e_6, v_1$ は，v_1 が 2 回登場しているので道にならない． ■

例題 8-1 において，グラフ G_1 と G_3 は，ひとかたまりであるが，G_2 は 2 つのかたまりから構成されている．グラフ理論の言葉で，前者を**連結**といい，後者を**非連結**という．このことを，経路の考え方を使って数学的に定義すると以下のようになる．

連結と非連結

グラフ G の任意の 2 点 v_m, v_n について，それらの間に経路が存在するとき，G は**連結**であるという．連結でないとき，**非連結**という．

閉路

閉じた道を**閉路**といい，長さ n の閉路を n– 閉路という．

閉路の考え方が登場したところで，それに関連する興味深い定理を 2 つ紹介する．

定理 8-2

グラフ G が二部グラフのとき，閉路の長さは偶数である．

定理 8-3

すべての頂点の次数が 2 以上である有限グラフは必ず閉路を含む．

例題 8-9

$K_{2,2}$ において，定理 8-2 が成立するかどうか確認せよ．

（問題の趣旨：定理 8-2 の理解）

解答

以下の $K_{2,2}$ の図 8.13 を使って，すべての閉路を考える．まず頂点 v_1 を始点・終点とする閉路を考えると，v_1, v_3, v_2, v_4, v_1，および v_1, v_4, v_2, v_3, v_1 となり，いずれも頂点の間に入る辺の数は 4 となり偶数である．頂点 v_2 を始点・終点とする場合 v_2, v_3, v_1, v_4, v_2，および v_2, v_4, v_1, v_3, v_2 となり，この場合も偶数となる．v_3 および v_4 についても同様のことが確認できる．

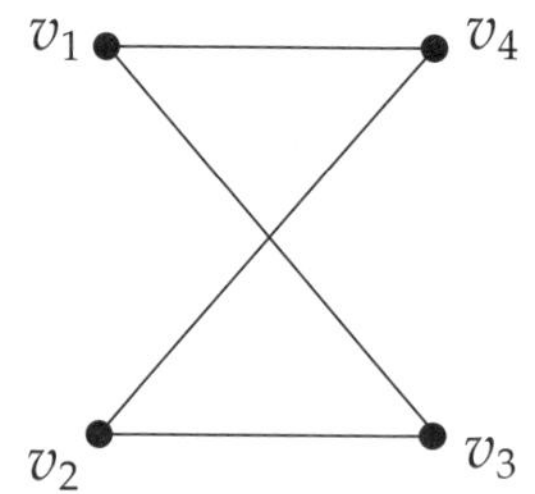

図 8.13　例題 8-9 $K_{2,2}$ のグラフ

上記の例からもわかるように，2 部グラフの場合，始点・終点となる頂点を含む部分グラフ側から，必ず含まない部分グラフのいずれかの頂点に移動し，再び始点・終点となる頂点を含む部分グラフ側に戻る，長さ 2 の過程を繰り返すことになるため，閉路の長さは必ず偶数になる．■

定理 8-4

グラフ $G = (V(G), E(G))$ において，$V(G) = \{v_1, v_2, \ldots, v_m\}$ とし，隣接行列を A とする．このとき A^n の (i, j) 成分 a_{ij}^n は，長さ n の $v_i - v_j$ 経路の数に等しい．

例題 8-10

$V = \{a, b, c, d, e\}$ として，次の隣接行列で表されたグラフを描け．また a から b に至る長さ 3 の経路の数を求めよ．

$$A = \begin{pmatrix} 1 & 0 & 0 & 1 & 0 \\ 0 & 1 & 1 & 0 & 1 \\ 0 & 1 & 0 & 1 & 0 \\ 1 & 0 & 1 & 0 & 1 \\ 0 & 1 & 0 & 1 & 1 \end{pmatrix}.$$

（問題の趣旨：定理 8-4 の理解）

解答

まず以下のグラフを示す（図 8.14）．

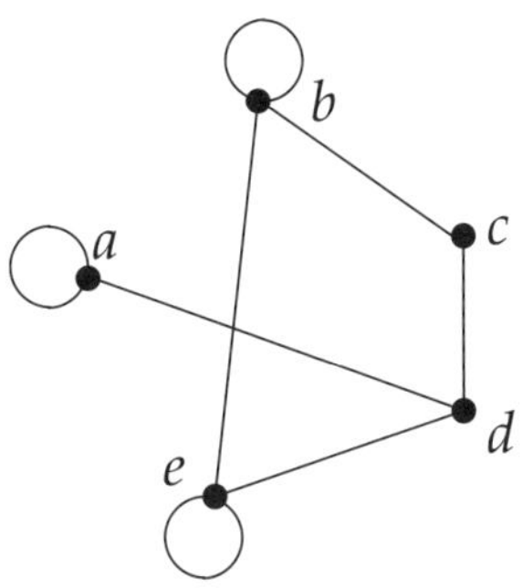

図 8.14 例題 8-10 のグラフ

隣接行列は対称行列なので，その性質を利用すると比較的簡単に計算できる．また，$A^2 \times A = A^3$ を計算する場合，すべてを計算する必要はなく，$a - b$

の経路の長さが登場するところまで計算すればよい．つまり

$$A^2 = \begin{pmatrix} 2 & 0 & 1 & 1 & 1 \\ 0 & 3 & 1 & 2 & 2 \\ 1 & 1 & 2 & 0 & 2 \\ 1 & 2 & 0 & 3 & 1 \\ 1 & 2 & 2 & 1 & 3 \end{pmatrix},$$

$$A^3 = \begin{pmatrix} 3 & \boxed{2} & \cdots \\ \boxed{2} & \ddots & \\ \vdots & & \\ & & \\ & & \end{pmatrix},$$

と計算すればよい．

第 14 回目
終了（90 分）

四角で囲まれた部分が，長さ 3 の $a-b$ 経路の個数に対応し，この場合 2 つ存在することになる．具体的には，a,d,c,b と a,d,e,b である．■

8.5　非連結化集合と分離集合

第 15 回目
開始（0 分）

非連結化集合とカットセット

連結グラフ G において，それを除去すると G が非連結になるような辺の集合のことを**非連結化集合**という．非連結化集合のうち，その要素を 1 つでも除くと，非連結化集合にならないもの（すなわち，冗長な要素がないもの）を，**カットセット**という．

図 8.15 に示す連結グラフにおいて，例えば $\{e_1, e_6, e_7\}$ は非連結化集合である．ただし，この集合から，e_7 を取り除いた集合 $\{e_1, e_6\}$ も非連結化集合なので，カットセットではない．$\{e_1, e_6\}$ や $\{e_2, e_3\}$ は，非連結化集合であり，その要素を 1 つでも取り除くと，非連結化集合にならなくなるので，カットセットである．

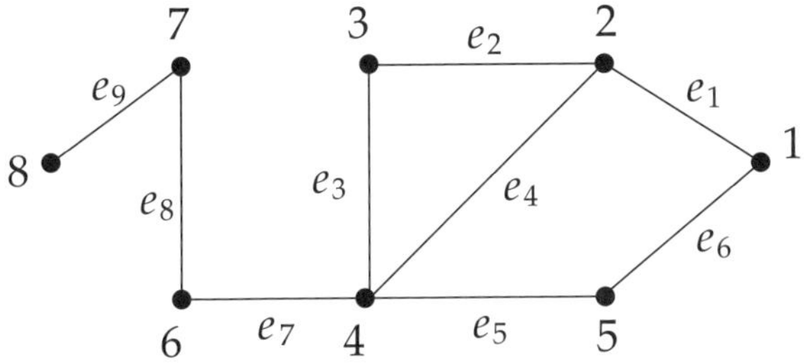

図 8.15　非連結化集合とカットセットの例

橋

カットセットの要素が1つの場合，それを**橋**と呼ぶ.

図 8.15 において，橋は e_7，e_8，e_9，に対応する.

分離集合と分離点

連結グラフ G の頂点集合の部分集合で，その集合に属する頂点およびその頂点に接続する辺すべて除去すると G が非連結になるようなものを**分離集合**という．また分離集合が1要素の場合には，**分離点**と呼ぶ.

図 8.15 においては，{2,5}，{4,6}，などが分離集合である．また頂点 4 や 6 については，それ1つを取り除くと，グラフが非連結になるため，分離点である.

橋や分離点の考え方は，われわれの日常生活においても非常に重要になってくる．例えば，鉄道網は，駅を頂点，レールを辺に対応させるとグラフで表現することができ，またインターネットの伝送網なども同様に，ルーターのマシンを頂点，ケーブルを辺に対応させることでグラフとして表現することができる．さらに，われわれにとって身近な例として，電気，水道，ガスなどの生活インフラも挙げることができる.

鉄道網やインターネットを，災害や障害にできるだけ強いものにしたいと考えた場合，できるだけ冗長性の高いものを構築することが望ましい．例えば，停電である駅が利用不可になったり，土砂崩れなどによってある鉄道区間が通行止めになったりした場合にでも，任意の出発地点から目的地点まで運搬できるように，グラフが常に連結になっていることが望ましい．このような安定したインフラを作り上げるためには，それを表現するグラフの中に，橋や分離点をできるだけ作らないように設計すればよいことになる（図8.16）．

図8.16　モグラたちにはグラフの概念が必要ない？

8.6　グラフの応用事例1：一筆書きの判定（オイラーグラフ）

オイラーグラフ

一般グラフで，すべての辺を1回だけ通る小道（すべての辺が異なる経路）が存在するとき，その小道を**周遊可能小道**といい，その一般グラフを**周遊可能グラフ**という．周遊可能グラフはいわゆる一筆書き可能な図形であり，閉じた周遊可能小道を**オイラー閉路**といい，オイラー閉路を有する一般グラフを**オイラーグラフ**と呼ぶ．

定理8-5: オイラーの定理

オイラーグラフであるための必要十分条件は，グラフが連結であり，かつ，すべての頂点の次数が偶数であることである．

例題 8-11

図 8.17 のグラフがオイラーグラフかどうか判定せよ．

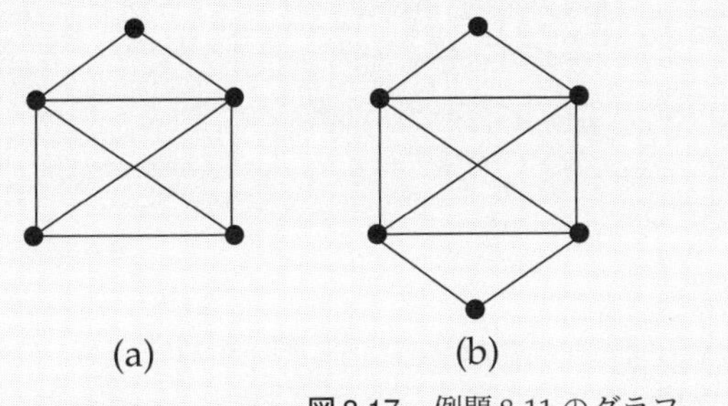
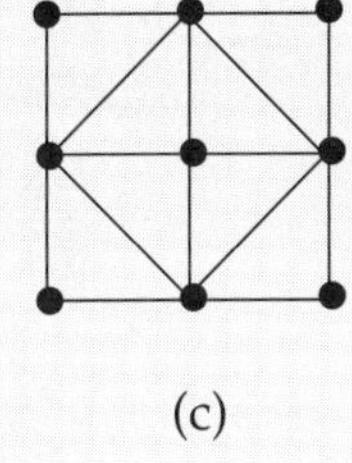

図 8.17　例題 8-11 のグラフ

（問題の趣旨：オイラーグラフの判定）

解答

定理 8-5 に基づけば，簡単に判断することができる．(b) のみオイラーグラフ．(a) および (c) は次数が奇数のものがあるので，オイラーグラフではない．

■

一筆書きは，こどもたちのクイズ遊びとしても面白いが，実社会おいても重要な考え方である．例えば，図 8.18 のような，雪の降る地域において，効率的に除雪を行いたい（＝ガソリンを節約したい）場合，すべての道路を一筆書きできるような道順で除雪車を動かす戦略が必要になる．この場合に，オイラーグラフの考え方が効果的に機能することになる．実際，雪の多い地域では，ひと冬あたりの除雪の費用に何十億円もかかることがあり，オイラーグラフは，これらのコスト削減に直結する実用的な話題でもある．

図 8.18　一筆書きの応用例：効率的な除雪

8.7　グラフの応用事例2：効率的な宅配便の実現（ハミルトン閉路）

ハミルトン閉路と巡回セールスマン問題

すべての頂点を1度だけ通る閉路を**ハミルトン閉路**といい，そのような閉路の存在する一般グラフを**ハミルトングラフ**という．

例題 8-12

次の図のグラフがハミルトングラフならばハミルトン閉路の例を示せ．

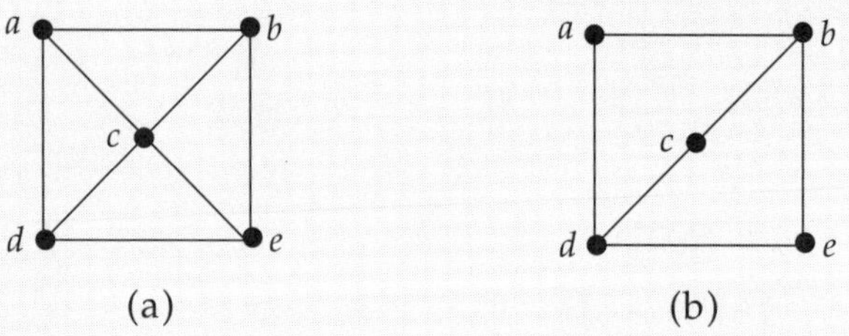

解答

(a) はハミルトングラフになる．ハミルトン閉路の1例として，a,b,c,e,d,a などがある．(b) はハミルトングラフにならない．■

あるグラフがオイラーグラフになるかどうかは，オイラーの定理により簡単に判断できたが，ハミルトングラフになるかどうかは，現在のところ，簡単な判定条件が見つかっていない．ハミルトングラフ，そしてハミルトン閉路に関しては，われわれの現実社会においても，第6章で登場した巡回セールスマン問題およびその拡張問題として登場し，多くの研究者たちを魅了する問題として研究がなされている．以下，グラフ理論の文脈での巡回セールスマン問題の定義を示す．

巡回セールスマン問題

セールスマンが n 個の都市を順に一度だけ巡って都市に戻る順路は，n 個の頂点からなるグラフのハミルトン閉路である．巡回セールスマン問題は，与えられたグラフにおけるそのような順路の最短路を求める問題である．

本書では，紙幅の都合上，巡回セールスマンの解法についての説明は省略する．興味をもった読者は，ぜひ関連する専門書をひもといてほしい．

8.8　グラフの応用事例3：プリント基板の配線設計（平面グラフ）

平面グラフと平面的グラフ

平面に描かれたグラフのどの辺も交わらないとき，それを**平面グラフ**という．平面グラフに同型なグラフを**平面的グラフ**という．平面的でないグラフを，**非平面グラフ**という．

平面グラフの考え方は，例えば，プリント基板（平面）において回路を配線する場合などに非常に重要になってくる（図8.19）．もし，ここで回路が平面グラフにならない場合には，どこかで配線がショートしてしまうことになる．

図8.20に，平面グラフと平面的グラフの違いを示す．まず，(a) はグラフのどの辺も交わらないので，平面グラフである．(c) のグラフについても，どの辺も交わらないので平面グラフである．(b) については，辺が交わっているので，平面グラフではない．しかしこのグラフは，(c) と同形な K_4 の完全グラフ

図 8.19　平面グラフは回路設計において重要

であるので，平面的グラフである．

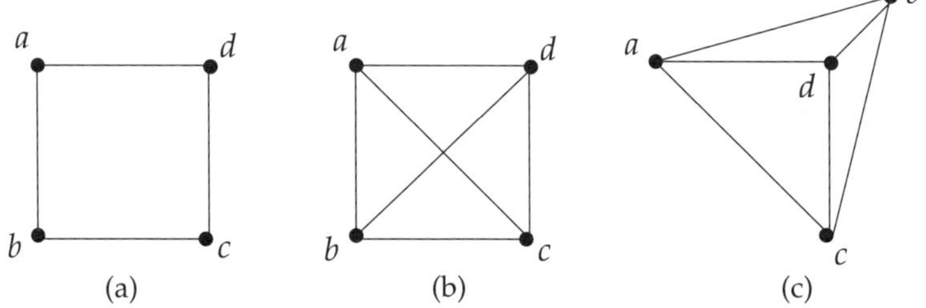

図 8.20　平面グラフと平面的グラフの違い

例題 8-13

次のグラフが，平面的グラフであるか否かを判定せよ．

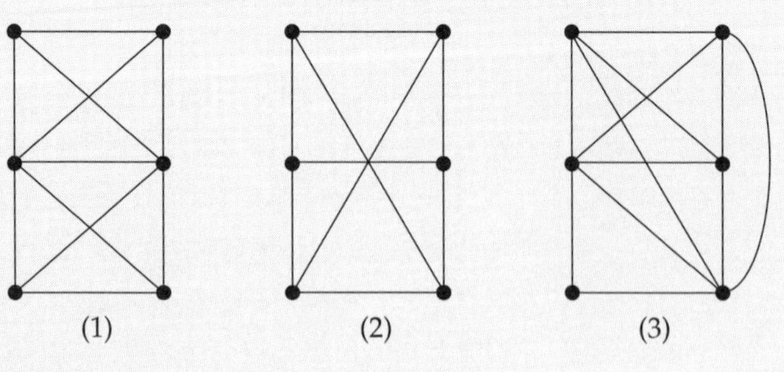

（問題の趣旨：平面的グラフの理解）

解答

(a) は平面的グラフであり，(b) と (c) は平面的グラフではない．■

例題8-13では，事前知識なしに平面的グラフであるかそうでないかの判定を行ってもらったが，予想以上に難しく感じた読者も多いのではないだろうか．この判定は，それほど簡単ではなく，一般に以下の定理を利用して判定を行っている．

定理 8-6

$K_{3,3}$ および K_5 は平面的ではない．

例題8-12では，(2) が実は $K_{3,3}$ に同形であるため，平面的ではないと判定できる．(3) は，K_5 を部分グラフとして含むため，平面的ではないと判定できる．

第15回目
60分経過

8.9　グラフの応用事例4：PageRank

われわれにとって，「検索」という行為は，これをしない日はないというくらい日常的なものになりつつある．ここでは，検索を行うための，重要な指標である，「Webページの価値」の決定方法について説明する．その前に，インターネットをグラフで表現するための数学的な準備として，**有向グラフ**を紹介する．

有向グラフ

有向グラフ D は，空でない有限集合 $V(D)$ および $A(D)$ からなる．ここで，$V(D)$ を頂点集合と呼ぶ．$A(D)$ は，**弧** (arc) と呼ぶ要素からなる有限集合であり，弧の実体は $V(G)$ の異なる2点の**順序対**である．

これまでのグラフと異なるのは，辺が弧に置き換わったところであり，非順序対ではなく順序対，すなわち「向き」を持っている点である．例として，図8.21に示す有向グラフ D の頂点集合は $V(D) = \{a, b, c, d\}$，弧集合は

$A(D) = \{(a,b),(a,c),(c,b),(d,c)\}$ となる．

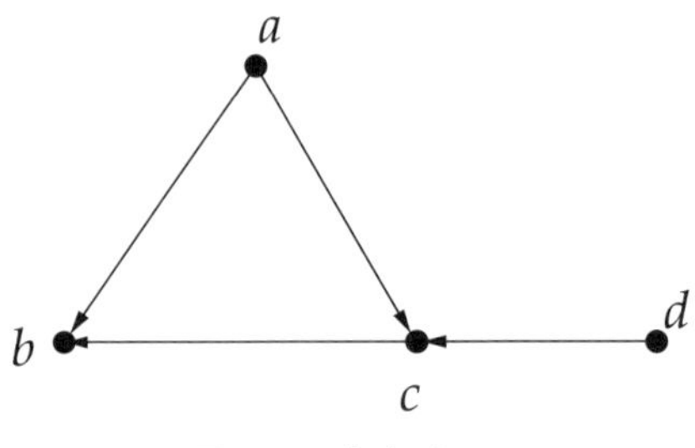

図8.21　有向グラフ

さて，インターネットを構成する膨大な数のWebページ群は，とても単純な構造になっており，Webページと，それらの間に張られるリンクから構成されている（図8.22（左））．われわれの身近にある検索エンジンが，この単純な構造からどのように，ユーザーの希望順にページを見つけだすことができるかについて，以下にその手順をまとめる．

まず，検索エンジンでは，ネット上にあるこれらのページのリンクを一つひとつたどりながら，どのページからどのページにリンクが張られているのかを調べる．この作業のことを**クローリング**と呼ぶ．実世界では，毎日，毎時間に膨大な数のWebページが生成されており，一度クローリングを行っても，すぐにページの構造が変わってしまう．そのため，検索エンジンではクローリングをできるだけ頻繁に，かつ定期的に行い，常に最新のWebページの構造を把握するようにしている．

図8.22（左）は，このクローリングによって得られたものの一例であり，ここで，Webページを有向グラフの頂点，リンクを有向グラフの弧に対応させると，図8.22（右）対応するような有向グラフの表現が得られる．ここで，図8.22は，世の中にページが5つしかないという状態であるが，実際には膨大な数のページが存在する．

さて，ユーザーが，検索キーワードとして「グラフ理論」を入力したとき，何十万というページが，このキーワードを含むページとして候補に挙がってくる．これらを，ユーザーが希望する順にランキングを行い提示することが，現

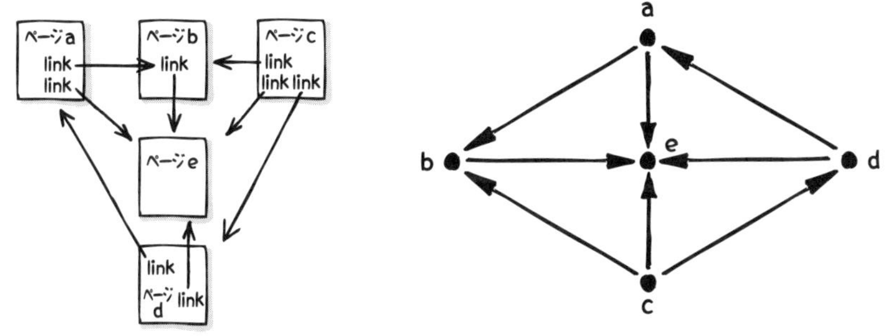

図8.22 Webページとリンクの構造の一例，およびそれに対応する有向グラフ

在の検索エンジンの主流となっている．特に，ユーザーの希望にあったランキングをしてくれるという評判が高いエンジンがGoogleであり，このランキングを行う指標，PageRankを提案したのが検索エンジンGoogleの創始者，サーゲイブリンとラリーペイジである．PageRankはグラフ理論に基づいており，具体的には，以下の定義で与えることができる．

PageRankの公式

対象とするWebページの数をNとし，それらのページの価値を表すベクトルを$\mathbf{p} \in \mathbb{R}^N$で表す．ここで，ページ番号$i$の価値はベクトル$\mathbf{p}$の$i$番めの要素，$p[i] \in \mathbb{R}$に対応しているとする．

ページの価値を表すPageRankの指標は，

$$\mathbf{p} \leftarrow dE\mathbf{p} + (1-d)L^T\mathbf{p},$$

で定義される．ここで，dは定数で，経験的に0.1〜0.2の間の値が設定される．Eはすべての要素が全ページ数の逆数$\frac{1}{N}$で表されている行列．Lは隣接行列を各頂点の次数で正規化したものに対応し，L^Tはその転置を表す．

この計算式では，ほかのページからリンクが張られていればいるほど，そのページには価値があると判断するものである．図8.22では，ページeが最も高い値になりそうであり，実際にそうなるか計算してみる．

まず，E は，全ページが 5 なので，すべての要素が $\frac{1}{5}$ となる正方行列

$$E = \begin{pmatrix} \frac{1}{5} & \frac{1}{5} & \frac{1}{5} & \frac{1}{5} & \frac{1}{5} \\ \frac{1}{5} & \frac{1}{5} & \frac{1}{5} & \frac{1}{5} & \frac{1}{5} \\ \frac{1}{5} & \frac{1}{5} & \frac{1}{5} & \frac{1}{5} & \frac{1}{5} \\ \frac{1}{5} & \frac{1}{5} & \frac{1}{5} & \frac{1}{5} & \frac{1}{5} \\ \frac{1}{5} & \frac{1}{5} & \frac{1}{5} & \frac{1}{5} & \frac{1}{5} \end{pmatrix},$$

となる．また，L は，それぞれの頂点から頂点へ弧が存在した場合に 1 とし，さらに出発点の頂点の次数で割り，正規化を行ったものなので，

$$L = \begin{pmatrix} 0 & \frac{1}{2} & 0 & 0 & \frac{1}{2} \\ 0 & 0 & 0 & 0 & 1 \\ 0 & \frac{1}{3} & 0 & \frac{1}{3} & \frac{1}{3} \\ \frac{1}{2} & 0 & 0 & 0 & \frac{1}{2} \\ 0 & 0 & 0 & 0 & 0 \end{pmatrix},$$

となる．以上を，PageRank の公式に代入すると

$$\begin{pmatrix} p_a \\ p_b \\ p_c \\ p_d \\ p_e \end{pmatrix} \leftarrow d \begin{pmatrix} \frac{1}{5} & \frac{1}{5} & \frac{1}{5} & \frac{1}{5} & \frac{1}{5} \\ \frac{1}{5} & \frac{1}{5} & \frac{1}{5} & \frac{1}{5} & \frac{1}{5} \\ \frac{1}{5} & \frac{1}{5} & \frac{1}{5} & \frac{1}{5} & \frac{1}{5} \\ \frac{1}{5} & \frac{1}{5} & \frac{1}{5} & \frac{1}{5} & \frac{1}{5} \\ \frac{1}{5} & \frac{1}{5} & \frac{1}{5} & \frac{1}{5} & \frac{1}{5} \end{pmatrix} \begin{pmatrix} p_a \\ p_b \\ p_c \\ p_d \\ p_e \end{pmatrix} + (1-d) \begin{pmatrix} 0 & 0 & 0 & \frac{1}{2} & 0 \\ \frac{1}{2} & 0 & \frac{1}{3} & 0 & 0 \\ 0 & 0 & 0 & 0 & 0 \\ \frac{1}{2} & 0 & \frac{1}{3} & 0 & 0 \\ \frac{1}{2} & 1 & \frac{1}{3} & \frac{1}{2} & 0 \end{pmatrix} \begin{pmatrix} p_a \\ p_b \\ p_c \\ p_d \\ p_e \end{pmatrix},$$

が得られる．この式で ← は右辺で計算した結果を左辺に代入し，更新することを意味している．この PageRank の式では，複数回の反復計算を行ったあとに得られる $\mathbf{p}$ を，各ページの価値として確定する．

PageRank のアルゴリズムでは，$\mathbf{p}$ として，適当な値を持つベクトルを設定することになっており，今回のこの例では，以下の初期ベクトルから，4 回反復を行うと

$$\begin{pmatrix} p_a \\ p_b \\ p_c \\ p_d \\ p_e \end{pmatrix} \to \begin{pmatrix} 0.400000 \\ 0.300000 \\ 0.200000 \\ 0.050000 \\ 0.050000 \end{pmatrix} \to \begin{pmatrix} 0.042500 \\ 0.260000 \\ 0.020000 \\ 0.080000 \\ 0.552500 \end{pmatrix} \to \begin{pmatrix} 0.055100 \\ 0.044225 \\ 0.019100 \\ 0.025100 \\ 0.314225 \end{pmatrix} \to \begin{pmatrix} 0.020450 \\ 0.039680 \\ 0.009155 \\ 0.014885 \\ \boxed{0.090778} \end{pmatrix}, \quad \text{となる.}$$

このように，図8.22において，ほかから最もリンクの張られているページeの価値が最も高く，次にbの価値が高い，という結果が得られている．

現在のGoogleでは，このPageRankの公式だけではなく，ほかに何百という評価指標を用いてページの価値を決定していると言われており，また，その決定方法については公開されていない．

8.10 AIとグラフ

本章の冒頭で述べたように，グラフとは，点とそれらのつながりを表す線という素朴な対象を取り扱う理論である．われわれの身の回りは，このようなつながりを使って表現することのできる事象であふれている．例えば，パターン認識，情報推薦，車のナビゲーション，列車の乗り換え案内，インターネットや人間関係を複雑な構造を持つネットワーク，そして，世界中が注目するようになった病気の感染についても，「人と人との接触」という点からグラフとして取り扱うことができる．このようなグラフに対して，AIの親和性は抜群である．

グラフとAIの融合によってできることは，大きく3つある．それらは，**ノード分類**，**リンク予測**，**グラフ分類**である．ここで，ノードとは，グラフの頂点のことであり，リンクとは，グラフの辺と同義である．

ノード分類とは，グラフのノードのラベルを予測することに対応する．例えば，図8.23に示すようなグラフにおいて，ノードが人々に対応し，リンクが人々のつながりに対応する．ここでのつながりは，物理的な接触を意味する．一般的に，このようなつながりをあらかじめ知ることは難しいが，何らの手段（保健所による聞き取り調査など）で図8.23のように，「当時マスクを着用

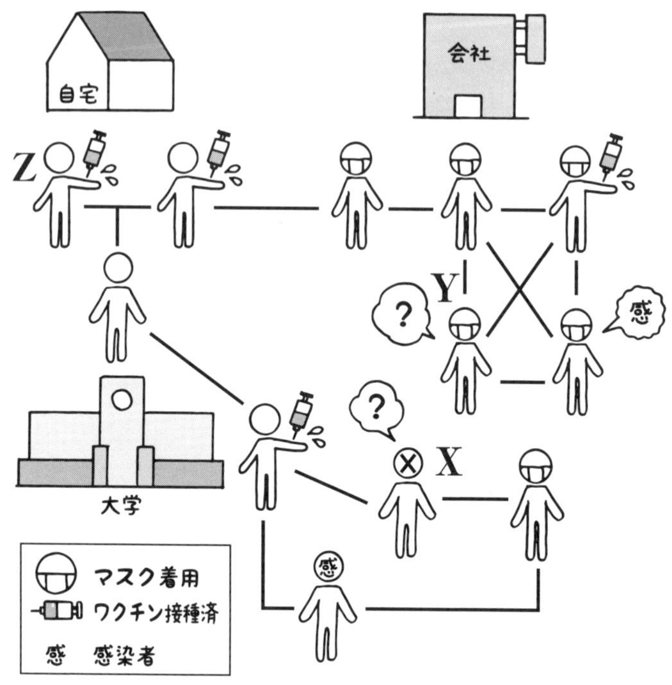

図8.23　ノード分類の例

していたか」，「ワクチンを接種済か」，などが明らかになったとする．そのときに，ノードX，Yが，ある感染症に感染しているかどうか，を予測することができる．

リンク予測とは，グラフにおいて，リンクが存在しないところに，もしリンクがあった場合，そのリンクの強さ，つまり，ノードとノードを結びつけるリンクの強さがどのくらいになるのか，を予測することに対応する．例えば，図8.24に示すようなグラフにおいて，ノードは客と商品の2種類に対応するとして，リンクは，その商品を購入したこと，に対応するとする．例えば，オンラインの商品サイトなどは，客とその購入履歴を大量に持っているので，これらのグラフを構成することは可能である．このようなグラフがわかったときに，ある客Aのノードとある商品Yのノードの間にリンクをはること，つまり，あ

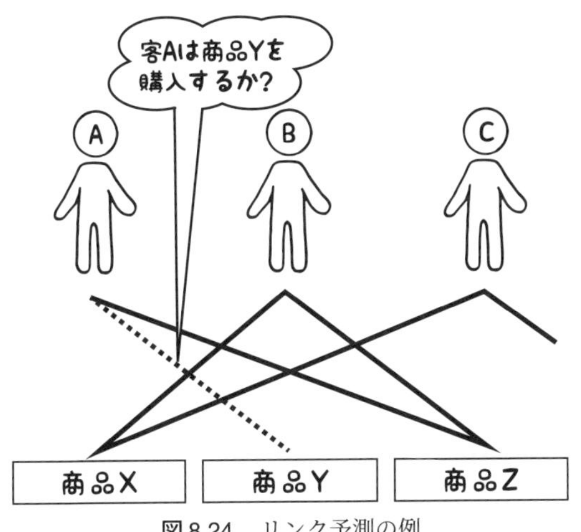

図 8.24 リンク予測の例

る客Aが商品Yを購入する可能性について予測することが，リンク予想のタスクに対応する．

グラフ分類とは，あるグラフに対して，その全体がどのようなものであるのかのラベルを予測することに対応する．例としては，図 8.25 に示すようなグラフ構造を持つ化合物が人間にとって有害であるか判定する場合などである．ここでは，すでにわかっている化合物のグラフ構造が格納されたデータベースを参照し，それらの中とピッタリ一致するものがあれば，有害・無害の判定は簡単である．一方，多くの場合，ピッタリと一致することはなく，部分的な構造が似ているものがデータベースの検索で引っかかり，これが化合物の有害・無害の予測を困難にしている．一方で，このタスクは，創薬の分野などにおいて盛んに研究が進められており，特に，われわれの人生において強く関わってくる分野でもあるので，今後も注目である．

第 15 回目
90 分（終了）

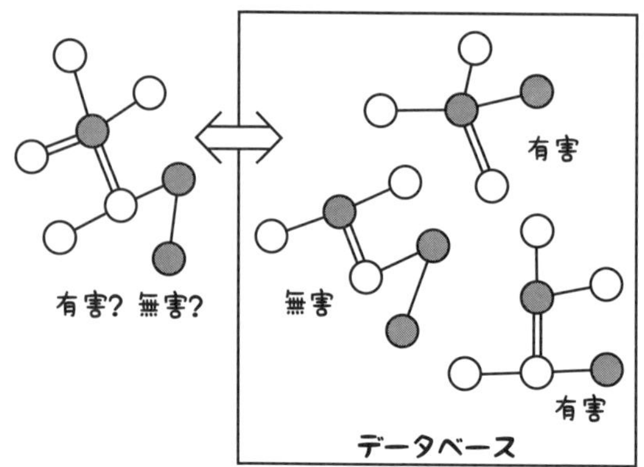

図 8.25　リンク予測の例

参考文献

[1] Seymour Lipschutz（著），成嶋 弘（翻訳），「離散数学――コンピュータサイエンスの基礎数学」（マグロウヒル大学演習），オーム社 (1995)（特に第 5 章と第 6 章）.

[2] 石村 園子，「やさしく学べる離散数学」，共立出版 (2007)（特に第 5 章）.

[3] 守屋 悦朗，「離散数学入門（情報系のための数学）」，サイエンス社 (2006)（特に第 4 章）.

[4] 牧野和久，「基礎系 数学 離散数学 (東京大学工学教程)」，丸善出版 (2020)（特に第 2 章）.

[5] 久保 幹雄，「組合せ最適化とアルゴリズム（インターネット時代の数学シリーズ 8)」共立出版 (2000).

[6] R.J. ウィルソン（著），西関 隆夫（翻訳），西関 裕子（翻訳）「グラフ理論入門」，近代科学社 (2001).

[7] Amy N.Langville（著），Carl D.Meyer（著），岩野 和生（翻訳），黒川利明（翻訳），黒川 洋（翻訳）「Google PageRank の数理 最強検索エンジンのランキング手法を求めて」共立出版 (2009).

[8] 石川 博（著）「集合知の作り方・活かし方 多様性とソーシャルメディアの視点から」共立出版 (2011)

[9] 舩曳 信生（著）渡邉 敏正（著），内田 智之（著），神保秀司（著），中西 透（著），「グラフ理論の基礎と応用」（未来へつなぐデジタルシリーズ 14）共立出版 (2012).

索　引

■さ

■た

■な

■は

著者紹介

延原　肇（のぶはら　はじめ）

2002年　東京工業大学大学院総合理工学研究科修了（博士（工学））
2002年　カナダ国 アルバータ大学 博士研究員
2002年　東京工業大学大学院総合理工学研究科 助手
2006年　筑波大学大学院システム情報工学研究科 講師
2013年　筑波大学システム情報系 准教授
　　　　筑波大学 人工知能科学センター 准教授（兼任）
2018年から2020年まで，内閣府 科学技術・イノベーション担当
　　　　上席科学技術政策フェローとして出向
2022年　筑波大学 システム情報系 教授（現職）
専　門　人工知能・計算知能，離散数理，画像処理，
　　　　ドローンからスマート農業まで幅広く研究中

応用事例とイラストでわかる
離散数学 第2版
——カンタンな数学でAIも理解できる!?——

Introduction to Discrete Mathematics Through Illustrated Explanations and Application Examples, 2nd ed.

2015年 2 月15日　初　版1刷発行
2021年 2 月25日　初　版5刷発行
2022年 3 月15日　第2版1刷発行
2024年 9 月20日　第2版3刷発行

検印廃止
NDC 007.1

ISBN 978-4-320-11468-5

著　者　延原　肇　© 2022
発行者　南條光章
発行所　**共立出版株式会社**
東京都文京区小日向4-6-19
電話　03-3947-2511（代表）
郵便番号　112-0006
振替口座　00110-2-57035
www.kyoritsu-pub.co.jp

印　刷　啓文堂
製　本　協栄製本

一般社団法人
自然科学書協会
会員

Printed in Japan